프로덕트 매니지먼트

프로덕트 매니지먼트

초판 1쇄 발행 2023년 6월 8일
초판 2쇄 발행 2023년 7월 20일

지은이 김영욱 / **펴낸이** 김태헌
펴낸곳 한빛미디어(주) / **주소** 서울시 서대문구 연희로2길 62 한빛미디어(주) IT출판2부
전화 02-325-5544 / **팩스** 02-336-7124
등록 1999년 6월 24일 제25100-2017-000058호 / **ISBN** 979-11-6921-113-0 03560

총괄 송경석 / **책임편집** 홍성신 / **기획** 홍성신 / **편집** 홍성신, 김수민 / **교정** 김은미
디자인 표지 이아란 내지 박정화 / **전산편집** 다인
영업 김형진, 장경환, 조유미 / **마케팅** 박상용, 한종진, 이행은, 김선아, 고광일, 성화정, 김한솔 / **제작** 박성우, 김정우

이 책에 대한 의견이나 오탈자 및 잘못된 내용에 대한 수정 정보는 한빛미디어(주)의 홈페이지나 다음 이메일로
알려주십시오. 잘못된 책은 구입하신 서점에서 교환해드립니다. 책값은 뒤표지에 표시되어 있습니다.
한빛미디어 홈페이지 www.hanbit.co.kr / 이메일 ask@hanbit.co.kr

지금 하지 않으면 할 수 없는 일이 있습니다.
책으로 펴내고 싶은 아이디어나 원고를 메일(**writer@hanbit.co.kr**)로 보내주세요.
한빛미디어(주)는 여러분의 소중한 경험과 지식을 기다리고 있습니다.

프로덕트 매니지먼트

김영욱 지음

PRODUCT
MANAGEMENT

IB 한빛미디어
Hanbit Media, Inc.

오랜 시간 글을 쓰느라 예민했던 나를 이해해준
사랑하는 클라라, 마이크, 엠마에게 감사 인사를 전합니다.
아들을 위한 기도를 늘 멈추지 않으신 어머니 정인호 여사께
이 책을 바칩니다.

추천사

반나절 만에 숨도 쉬지 않고 읽었다. 평소 그의 글을 브런치나 여러 매체에서 봤지만 이렇게 하나로 엮어 보니 짜임새의 힘을 느낄 수 있었다. 그힘에 이끌려 속도감 있게 읽었다. '그때 이 책이 있었더라면' 하는 개인적인 경험 세 가지로 추천에 진심을 전하고자 한다.

- 2007년 구글 PM으로 입사한 후 매니저와 함께 작업한 문서가 PM Onboarding이었다. PM이 정확히 무엇인지 제대로 알지 못한 채 몸으로 부딪히며 알아가던 내용을 적어냈다. 프로덕트 매니지먼트에 관한 영문 포스팅이나 책이 나오기 시작한 게 2010년 이후 일이니 아무런 자료 없이 당시 PM Director 마리사 메이어에게 물어가며 작성한 기억이다. 이 책이 있었다면 얼마나 쉬웠을까.

- 구글은 사내 멘토링 프로그램이 잘 되어 있다. 나는 Product Management와 Female Engineering을 멘토링했는데 전자의 경우 PM으로 옮기려는 타 직군 멘티들을 도왔다. 엔지니어를 비롯, 프로그램 매니

저, 세일즈 매니저, 테크니컬 어카운트 매니저, 파트너십 매니저 등 다양한 직군이 성공적으로 PM 역할을 맡도록 밀고 끌고했던 기억이다. 여러 사례를 소개하면서 진행했는데 이 책이 있었다면 그 과정을 효율적으로 진행했을 것이다.

- 마지막 경험은 최근이다. 오픈서베이라는 스타트업 CPO를 맡으면서 프로덕트 매니지먼트 팀을 어떻게 꾸리고 운영해야 하는지 질문을 받는다. 2007년 PM으로 입사할 때 같은 직무를 담당한 사람을 한국에서는 찾을 수 없어 막막했던 심정이 되살아나면서 오래되지 않은 직군이니 어쩌면 당연한 질문이라는 생각이 들었다. 이제는 질문 전에 이 책을 먼저 읽으라고 하고 싶다.

이 책은 구글에서 지내온 길을 뒤돌아보게 한다. 각 장에서 이야기하는 대부분의 내용을 직접 경험한 나로서는 '그래 맞아 맞아' 하며 무릎을 치며 읽었으니 지금 당장 읽어보라는 말을 하지 않을 수 없다. 프로덕트 매니지먼트 불모지에 교과서 같은 책을 써 준 김영욱 PM에게 감사와 응원의 박수를 보낸다. 이 책으로 인해 '문제에 맞는 올바른 해법을 찾는' 좋은 PM을 한국에서도 많이 만날 것이라는 희망이 생긴다. 프로덕트 매니지먼트를 배우고 싶은 학생, 새로운 도전을 마주한 주니어 PM, 프로덕트 매니지먼트 팀을 이끄는 리더라면 곁에 두고 참고할 만한 좋은 책이다.

이해민_오픈서베이 CPO, 전 구글 시니어 프로덕트 매니저

김영욱 PM은 세부 사항에 주의를 기울이고 고객의 모든 요청을 철저히 평가하는 능력을 갖췄다. 가용할 수 있는 방법을 고려하여 올바른 결과를 도출한다는 점을 전적으로 신뢰한다. 그 과정은 창의적이고 사려 깊다. 스트레스가 많은 상황에서도 즉시 긴장을 풀고 안심할 수 있는 평온한 업무 방식은 장기이다. 매 순간 PM이 갖춰야 할 이런 덕목은 그의 책에서 배울 수 있을 것이다. 그가 썼기에 절대 실망시키지 않을 것이라 확신한다.

알렉산드라 캘버트_SAP Cloud ERP UX COO

바쁘게 돌아가는 스타트업에서 일하다 보면 나는 좋은 PM으로 성장하고 있는지 의구심이 들 때가 있다. 그때마다 김영욱 PM에게 조언을 구하면 어설프게 짜여져 있던 관점과 방법이 하나씩 내실 있게 채워지는 느낌을 받는다. 이 책 역시 원론적인 지식과 스킬을 나열하는 다른 책과는 달리 실무에서 실력 있는 사수 PM이 코칭하듯 촘촘하게 방법과 노하우를 전달한다. 주어진 업무에만 매몰되지 않고 좋은 폼을 유지하면서 의미 있는 프로덕트를 만들고 싶은 PM이라면 꼭 읽어보라고 권하고 싶다.

이승헌_뤼이드 프로덕트 매니저

프로덕트나 프로덕트 매니저에 대해 늘 듣는 얘기라 다 아는 것 같아도 막상 제대로 설명하려면 막힐 때가 많다. 김영욱 PM은 이 책으로 우리가 PM의 개념과 업무에 대해 명확히 이해할 수 있도록 돕는다. 특히 소프트웨어 기업에서 프로덕트 매니저, 프로그램 매니저, 프로젝트 매니저를 혼동해 사용하는 것을 명확히 구분하도록 이끌어준다. 당신이 PM에 대해서 알고 싶은 모든 것은 이 한 권을 읽는 것으로 충분하다. 오랜만에 주위에 추천할 책이 나왔다.

한상기_공학박사, 테크프론티어 대표

사용자 중심 제품과 서비스를 성공적으로 출시하는 데 있어 가장 중요한 역할이 프로덕트 매니지먼트다. 많은 조직에서 프로덕트 매니저라는 직책을 두고 있지만 프로젝트 매니저, 프로덕트 오너, 프로젝트 리더와 명확한 역할 구분조차 제대로 되지 않는 것이 현실이다. SAP에서 오랜 기간 프로덕트 매니저로 활약한 저자의 경험, 그리고 그 경험을 바탕으로 프로덕트 매니지먼트에 대해 깊이 고찰한 결과가 이 책에 담겨 있다. 프로덕트 매니지먼트에 대해 조금이라도 고민하고 있다면 이 책부터 시작하면 된다. 저자의 수십 년 노하우를 책 한 권으로 모두 전수받을 수는 없어도 제품 개발 시행착오를 최소화하는 데는 도움될 것이다.

윤대균_아주대학교 소프트웨어학과 교수, 전 삼성전자 무선사업부 전무

한국에서 PM은 대부분 프로젝트 매니저다. '프로덕트' 매니저는 여전히 낯설다. 말하자면 제품 개발에 필수적인 역할 하나가 그간 통째로 빠져 있던 셈이다. 세계 최고의 업무용 애플리케이션 소프트웨어 회사인 SAP에서 오랫동안 프로덕트 매니저로 일한 정통파 PM이 자신 경험의 정수를 아끼지 않고 쏟아냈다. 귀한 책이 나왔다.

박태웅_한빛미디어 의장

프로덕트 매니저, 흔히 PM이라고 부르는 신화 같은 존재에 관한 책이다. 여기서는 PM 존재 이유나 역할보다 프로덕트를 시장에 출시하고 성공하기 위해 어떤 조직, 프로세스, 구성원의 활동이 필요한지 그리고 그 결과를 평가하는 방법에 대한 관점을 처음부터 끝까지 유지하고 있다. 모든 사람은 누군가를 위한 무언가를 만든다. 이 책은 이미 수행했다면 그 과정을 옳은 방식으로 회고할 수 있도록 돕고, 새롭게 시작한다면 옳은 방향성을 제시한다.

이민석 _ 국민대학교 소프트웨어학부 교수

저자는 PM으로서 일관성 있게 일을 처리한다. 특정 날짜까지 완료하겠다고 하면 반드시 완료한다. 비즈니스 요청을 신속하게 평가하고 실현 가능성에 대한 피드백도 놓치지 않는다. 보고서, 프레젠테이션, 동료의 특별한 업적을 지원하는 영상 등 어떤 것이든 흥미롭고 유익하며 재미있을 것이라는 확신을 갖게 하는 창의적인 면모를 갖췄다. 그런 저자의 경험과 통찰력을 바탕으로 책을 썼으니 분명 가치와 통찰력을 주는 사려 깊은 책일 것이다. 동료를 믿고 의지할 수 있다는 건 축복이다. 나는 김영욱 PM을 언제나 믿고 의지할 수 있었다.

스콧 리버모어 _ 전 SAP Design Program Director

서문

많은 사람들이 가로세로 낱말 퀴즈나 스도쿠를 한다. 이런 종류의 퍼즐을 풀려고 하는 데는 이유가 있다. 퍼즐을 푸는 사람의 두뇌와 채워지기를 기다리는 빈 상자 사이의 질서 정연한 싸움에는 정답이 존재한다는 사실이 그것이다. 퍼즐은 풀 수 있고 답이 있다.

퍼즐과 비슷한 종류에 '미스터리'라는 것이 있다. 이것을 풀어가는 과정은 퍼즐의 그것과는 다르다. 미스터리는 답이 불확실하기 때문에 정답이 없는 스무고개와 같은 질문을 던지며, 알려진 것과 알려지지 않은 여러 요소의 상호작용에 따라 그 방향이 달라진다. 미스터리는 정답이란 것이 존재하지 않을 수도 있으며, 중요한 요소를 빠르게 파악하고 과거의 상호작용과 미래 변화에 대한 감각을 적용함으로써 틀을 잡아 진전을 만들수 있다. 즉, 미스터리는 모호함을 정의하려는 실제에 접근하기 위한 시도라고 할 수 있다. 사람에 따라서 답이 있는 퍼즐이 더 만족스러울 수 있지만, 세상이 발전할수록 생활에서는 더 많은 미스터리가 생성되고 우리는 그것을 마주하게 된다.

최근의 소프트웨어 프로덕트를 만들어가는 과정도 '미스터리'에 접근하는 방법과 비슷하다. 예전에는 사용자의 필요가 정답이 있는 퍼즐형으로 매우 단순했으나, 이제는 그 필요성이 매우 복잡하고 구체적인 수준을 넘어 그들의 환경, 도구, 일하는 습관, 문화적 배경에 따라 수많은 변수가 존재한다. 여기에 블록체인, 메타버스, 인공지능과 같은 새로운 기술 패러다임은 사용자의 필요성을 더욱 다원화시킨다. 즉 하나의 답으로 해결이 되지 않는 미스터리의 형태를 가진다,

이것이 '성공하는 프로덕트'라는 미스터리를 풀어야 하는 프로덕트 매니저의 역할을 더욱 어렵게 하는 이유다. 프로덕트 매니저가 사용하는 여러 도구, 규칙, 방법론과 프레임워크가 있다. 이 책에서도 다루는 주제이고 이것을 이해하고 학습해야 할 필요는 있으나 그 자체가 프로덕트의 성공을 보장하지는 않는다. 사용자와 시장의 변화를 감지하고, 이해하고, 측정하고, 평가하고, 적절히 통제함으로 나만의 프로덕트 레시피를 만드는 것이 더 중요하다.

이 책은 여러분이 마주한 '프로덕트 미스터리'에 대한 해답을 제공하지 않는다. 어쩌면 그 미스터리를 훨씬 더 복잡하게 만들 수 있다. 하지만 뇌는 우리가 생존하고 있다고 느끼게 하는 자극에 항상 긍정적으로 반응한다. 어려움에는 많은 숨겨진 가치가 있고, 그것은 우리가 무엇을 위해 생존하고 있는지 이해한다는 의미이며, 그 안에서 프로덕트 매니지먼트의 성취감을 찾을 수 있을 것이다.

미슐랭 셰프의 부엌에서도 음식물 쓰레기는 나온다. 그 쓰레기는 실패가 아닌 치열한 성공의 과정에서 나오는 성과물이다. 프로덕트를 만듦에 있어 비용이 드는 시행착오와 실수라는 과정을 두려워하지 않을 때 여러분의 프로덕트 레시피는 더욱 단단해지고, 견고해질 것이다. 그리고 그렇게 만들어진 프로덕트의 가치는 온전히 사용자에게 전달될 것이다.

녹음이 짙어지는 늦은 봄, 파리 공원에서
김영욱

들어가며

2200여 년 전 인류 역사상 가장 위대했던 프로덕트 매니저product man-
ager(PM)가 있었다. 주위에 똑똑하고 재능 있는 사람이 많아서인지 자라
면서 누구보다 콤플렉스가 많은 성장기를 보냈다. 하지만 그는 성인이
된 후 강인한 의지와 자신만의 독창적인 방식으로 콤플렉스를 극복하고
위대한 과업을 하나하나 이룩해간다. 부족함과 모자람이라는 콤플렉스
는 그가 고안한 '표준화'라는 방식을 만나 게임 체인저game changer[1] 역할을
한다.

그의 많은 업적 중 그를 위대한 리더로 만드는 데 기여한 것은 '화살과 활
디자인을 최적 치수로 표준화하고 생산 재료와 공급 프로세스를 통일한
점[2]이다. 당시 전쟁에서 궁수는 승리에 절대적인 역할을 했다. 그전까지
사용한 활과 화살은 모두 출신 지방의 장인이 만들어 각각의 '사양'이 있

---

1   기존 상황이나 활동을 중요한 방식으로 변경하는 새로 도입된 요소 또는 요인.
2   『헬로 월드』(안그라픽스, 2014)

었다. 이렇게 생산된 활과 화살은 전투에서 치명적인 단점이 있었는데, 전투 중 궁수가 화살을 다 썼거나 활이 부러지면 다른 궁수의 활과 화살을 빌려야 했는데 그럴 수 없었다. 활의 사양이 달라 궁수끼리 서로의 활을 다루는 데 익숙지 않아 무용지물이었다. 많은 전투를 거친 그는 주변 제후국의 누구도 생각하지 못한 이 부분을 눈여겨봤다. '표준화'라는 개선 작업에 들어갔고 통일의 기초가 되는 차별화된 전투력을 갖게 됐다.

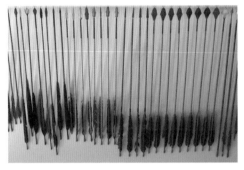

고대 전장에서는 통일되지 않은 여러 종류의 화살과 화살촉을 사용했다.

이후에도 표준화에 집중해 나라의 기초를 세우는 데 크게 기여한다. 토지 제도, 화폐, 도량형을 통일하는 표준화 작업을 완성했으며 법령을 재정비해 강력한 왕권을 바탕으로 중국 역사상 전무후무한 황제로 남게 된다. 최초로 중국을 통일한 진시황 이야기다.

우리는 살아가면서 무언가를 만들고 싶어 한다. 직접 만드는 것일 수도 있고 다른 사람과 협력해 만드는 것일 수도 있다. 혼자 뚝딱거려 만드는 소품일 수도 있고 각 분야의 전문가가 모여 집을 짓는 일일 수도 있다. 고객 비즈니스 문제를 해결하고 업무에 가치를 제공하는 소프트웨어 제품일 수도, 서비스일 수도 있다.

최근 PM이라는 말이 심심치 않게 들린다. 제품과 서비스를 만드는 곳에는 어김없이 PM이 등장한다. 그런데 PM의 역할은 무엇일까? 그 역할에 대해서 알고 PM이라는 용어를 쓰는 것일까? PM 역할은 오래 전 진시황이 발견하고 실행했던 것과 다르지 않다. PM은 고객의 불편함이나 인사이트를 모든 사람이 누릴 수 있도록 꾸준히 표준화하면서 진화와 혁신을 가져오는 사람이다.

시장에서 성공하는 모든 프로덕트 이면에는 이를 책임지는 PM의 노력이 있다. 어떤 제품을 만들 것인지부터 제품 개발을 위한 전략과 로드맵, 릴리스 계획을 짠다. 경영진과 투자자를 설득하는 비즈니스 케이스 작성을 하며 프로덕트가 생애주기를 마치고 리타이어, 즉 프로덕트 은퇴 시기를 결정한다. PM은 제품 개발의 모든 측면을 조정하고 책임지는 중요한 리더다.

이 책은 프로덕트 매니지먼트^{product management} 모든 과정을 안내한다. PM 업무는 물론 프로덕트 팀 구성원, 프로덕트 정의 방법, PM으로 성공하는 데 필요한 기술을 이야기한다. 팀원과 함께 고객 의견을 분석하고 어떻게 개선할 것인지 정하는 방법을 설명한다. 제품을 시장에 출시하고 출시 후 사이클을 구축하는 프로덕트 라이프 사이클과 더욱 좋은 품질의 프로덕트 인사이트를 제공하는 기술도 알려준다.

PM에 관심이 있거나 꿈꾸는 이뿐만 아니라 엔지니어링 부서의 프로덕트 팀에서 더 나은 구성원이 되기를 원하는 이까지 모두 어렵지 않게 프로덕트 매니지먼트 여정에 참여할 수 있도록 구성했다. 무엇보다 좋은 프로세스를 통해 더 나은 제품이나 서비스로 바뀔 수 있는 방법을 이해하는 데 도움이 될 것이다.

지금부터 프로덕트 매니지먼트란 무엇인지, 그리고 PM 역할과 책임은 무엇인지 살펴보려고 한다. 심호흡을 크게 내쉬고 프로덕트 매니지먼트 여정을 시작하자.

목차

Chapter 2 프로덕트 라이프 사이클, 프로세스와 프레임워크

Chapter 5 PM의 일상 업무

일러두기

- 본문에서 프로덕트는 제품과 서비스를 통칭한다. 맥락에 따라 구분할 경우 제품, 서비스로 표기했다.
- 널리 알려진 사람, 기업, 제품에 대해서는 원문 병기하지 않으며 필요한 경우에 한해 원문을 병기했다.
- 출처는 ⓒ 표기를 사용했으며 참고 자료는 읽는 시점에 변경될 수 있다.

CHAPTER 1

프로덕트 매니지먼트란 무엇인가?

PRODUCT
MANAGEMENT

1.1 프로덕트 정의

정확히 알고 싶은 것이 있다면 알고자 하는 것이 무엇인지 이해해야 한다. 설령 가정에 근거한 정의라 할지라도 가정을 검증하면서 접근한다면 가장 정확하게 이해할 수 있다. 프로덕트 매니지먼트 과정을 알고 싶은가? 먼저 '프로덕트product'라 무엇인지 정의해야 하다.

프로덕트는 무엇일까? 기본적인 질문처럼 느낄 수 있다. PM이라면 당연히 관심을 가져야 하는 주제다. 매일매일 우리와 함께하는 유형과 무형의 모든 것을 일컫는다. 주위를 둘러보며 프로덕트를 찾아보자.

1.1.1 컴포넌트와 프로덕트

프로덕트는 지금 읽고 있는 이 책일 수도 있다. 혹은 컴퓨터나 다른 종류의 디바이스일 수도 있다. 이메일 서비스, 책상, 의자, 현재 머무르는 장소까지 이동할 수 있도록 도와준 자동차나 지하철 역시 프로덕트다. 이와 같은 '유형'의 물건이 아니라 자동차 내비게이션 시스템도 PM의 손을 거쳐 출시된 프로덕트라고 할 수 있다.

프로덕트가 무엇인지 더 잘 이해할 수 있도록 몇 가지 예시를 살펴보겠다. 하루라도 없으면 불편한 스마트폰을 훑어보자. 가장 먼저 보이는 것은 물리적 하드웨어, 즉 스마트폰을 이루는 그 자체다. 유리로 감싼 액정 화면이 있고, 액정 화면을 열고 보면 스마트폰을 동작시키는 프로세서와 저장 공간을 제공하는 스토리지storage, 여러 종류의 센서와 센서를 이어주는 복잡한 회로로 구성됐다. 가장 큰 공간을 차지하는 배터리도 보인다.

각 개체가 모여 스마트폰이라는 프로덕트를 이룬다. 스마트폰 내부의 모든 구성 요소building block는 그 자체로 프로덕트이며, '설계 → 개발 → 테스트 → 릴리스release(배포)' 같은 기본적인 프로덕트 개발 사이클을 거친다. 하지만 구성 요소를 프로덕트라고 하지 않고 스마트폰을 이루는 '부품'이라고 부른다. 프로덕트 관점에서 보면 부품은 '컴포넌트component'다. 컴포넌트는 프로덕트로 동작하지 않으며 프로덕트로 릴리스하지도 않는다. 다른 컴포넌트나 프로덕트에 의존성을 가지면서 협업을 통해 전체 프로덕트를 구성하고 동작하게 하는 데 목적이 있다.

20세기 최고의 장난감으로 꼽힌 덴마크의 국민 기업 레고LEGO를 보자. 3차원 플라스틱 퍼즐로 원하는 형태를 만들어가는 레고는 창립한 지 90여 년이 지난 지금까지도 전 세계적으로 사랑받고 있다. 초기 모델은 나무 블록이었다. 부품을 쉽게 잃어버리고 속상해하는 아이들과 부모의 모습을 본 창립자는 언제라도 쉽게 공통 구성 요소를 구할 수 있으면서 요소끼리 결합하고 분리해 큰 형태를 이루는 장난감을 디자인하겠다고 결심했다. 연구를 거듭한 끝에 1949년, 지금의 형태와 동일한 플라스틱 블록의 레고를 출시했다.[1]

---

1   'LEGO', Britannica

프로덕트가 어떻게 이루어지는지 [그림 1-1]을 보자. 레고의 구성 요소를 예로 들었다.

그림 1-1 컴포넌트(좌), 컴포넌트 세트/인스턴스(가운데), 프로덕트(우) ⓒLEGO

최소 단위의 구성 요소는 제품이 될 수 없다. 릴리스되지도 않는다. 구성 요소는 상상력만 있다면 만들지 못할 것이 없는 컴포넌트 역할을 한다. 컴포넌트끼리 조합하면 형태를 가지는 '컴포넌트 세트component set'를 만들 수 있다. '인스턴스instance'라고도 하며 프로덕트로 릴리스 가능한 상태다.

릴리스 가능한 상태와 프로덕트로 릴리스한다는 것은 큰 차이가 있다. 인스턴스가 프로덕트가 되려면 시장이 원하는 형태의 패키징을 해야 한다. 단순히 경찰차 컴포넌트 세트를 제공하는 것이 아니라 경찰서를 만드는 인스턴스와 경찰 피규어까지 함께 구성해 온전한 프로덕트로 제공해야 한다. 소프트웨어 프로덕트 관점에서 보면 특별한 기능을 담당하는 라이브러리 형태일 수 있다. 혹은 오픈 소스나 마이크로서비스microservice일 수 있다.

앞서 설명한 스마트폰 속 작은 부품, 즉 컴포넌트는 모두 하드웨어 특성을 갖는다. 그러나 요즘 하드웨어는 스마트폰 같은 디바이스를 완성할 때 절반 정도만 그 역할을 한다. 나머지는 하드웨어에 숨을 불어넣어 동작시키는 소프트웨어가 채워야 한다. 소프트웨어 역시 하드웨어처럼 수많은 컴포넌트나 작은 프로덕트가 모이고 엮이면서 하나의 프로덕트로 구성 및 출시된다.

소프트웨어 프로덕트 중 가장 기본이 되는 것은 OS 운영체제다. 운영체제는 하드웨어 디바이스와 연결해 애플리케이션이 동작하도록 하기에 '플랫폼 프로덕트platform product'라고도 한다. iOS, 안드로이드가 대표적인 스마트폰 운영체제다. 각 운영체제에서 정한 소프트웨어 규격에 맞춰 애플리케이션이나 서비스가 디자인 및 개발, 테스트, 릴리스된다.

스마트폰의 프로덕트가 스마트폰 내부에만 있는 것은 아니다. 인터넷 연결로 파일이나 사진, 음악 등을 저장하는 '클라우드 스토리지cloud storage'가 대표적이다. 스마트폰에 설치된 애플리케이션이 클라우드 데이터베이스와 상호작용하는 서비스를 생각하자. 최신 스마트폰 애플리케이션을 보면 스마트폰에서만 동작하는 경우는 거의 없다. 우리가 인식하지 못하는 클라우드 공간에 인터넷 연결을 통해 데이터를 넣고 빼는 일을 반복적으로 한다. 전체 프로덕트 시스템이 동작할 수 있도록 많은 기술이 끊임없이 실행되고 있다. 이 같은 '서비스' 역시 프로덕트의 한 유형이다. 스마트폰으로 사진을 업로드하거나 메신저로 파일을 주고받을 때 여러 서비스 프로덕트와 상호작용해야 한다. 이 모든 것이 프로덕트다.

1.1.2 PM과 프로덕트

한 명이나 소수의 PM이 전체 소프트웨어나 서비스를 담당하지는 않는
다. 스타트업처럼 작은 규모라면 소수의 PM이 전체 프로덕트를 담당하
기도 하지만 기능이 많고 큰 규모의 서비스에는 수십 명 이상의 PM이 참
여해 프로덕트를 완성시킨다.

기술 기업은 프로덕트의 모든 기능을 프로덕트 팀이나 엔지니어링 팀
이 담당한다. 해당 팀은 5장 2절에서 설명할 에픽^{epic}이나 사용자 스토리
^{user story} 같은 기능 단위로 프로덕트를 개발한다. 컴포넌트 레벨의 프로덕
트다.

유튜브로 예를 들어보자. 유튜브에는 실제로 사용하는 것보다 훨씬 더
많은 기능이 있다. 유튜브의 가장 중요한 기능인 비디오 플레이는 하나
의 프로덕트인 동시에 기능 컴포넌트^{functional component}다. 댓글을 달고 보여
주는 기능 역시 단독 프로덕트이지만 단독 릴리스하지 않고 다른 기능을
하는 컴포넌트와 함께 릴리스되는 컴포넌트다. 사용자 프로필 관리 기능
역시 프로덕트인 동시에 컴포넌트다. 다양한 기능 컴포넌트로 이뤄진 프
로덕트는 여러 명의 PM이나 프로그램 매니저가 각 기능을 관리하며 프
로덕트 팀 또는 엔지니어링 팀의 개발자, 디자이너, 테스터, 테크니컬 라
이터^{technical writer} 등 다수가 함께 작업한다.

유튜브의 랜딩 페이지^{landing page}, 즉 처음 접속했을 때 보이는 페이지는 여
러 명의 PM이 시간을 쏟아 만들어낸 결과물이다. 그렇게 보이지 않을 수
있지만 한 페이지를 구성하는 데 매우 큰 기술과 노력이 필요하다. 알고

리듬에 따라 사용자가 선호하는 순위대로 영상 리스트를 설계하는 PM, 영상 시작 전과 중간에 보여줄 사용자와 관련 있는 광고 콘텐츠를 기획하는 PM, 사용자 프로필 표시 및 부가 정보 제공 기능을 담당하는 PM, 자동 자막을 처리하는 PM, 페이지 구성 시 언어나 지역별 특성을 고려해 데이터를 제공하는 기능을 담당하는 PM 그리고 이 모든 기능의 릴리스 시기를 맞춰 전체 프로세스를 관리하는 PM이 모두 필요하다.

이처럼 서비스 기능으로 분류하는 것을 '수직적^{vertical} 분류'라고 한다. 각 기술 도메인이 확실하게 나뉘어진다는 점에서 수직이라는 말을 쓴다.

그림 1-2 유튜브의 랜딩 페이지에는 많은 PM의 노력이 있다.

PM 업무는 서비스의 기능으로만 분류하지 않는다. '수평적^{horizontal} 분류' 도 있다. 전체 프로덕트 형태가 지원하는 플랫폼에 따라 변하지 않도록 관리하면서 서로 다른 OS 플랫폼(윈도우, 맥 OS, 안드로이드, iOS 등)

에서도 기능이 원활하게 동작하도록 보장하는 일을 한다. 이를 해당 시스템에 포팅porting한다고 표현한다. 예를 들어 같은 유튜브 애플리케이션이라도 안드로이드 애플리케이션을 담당하는 PM, iOS를 담당하는 PM, PC 브라우저별 웹사이트를 담당하는 PM이 필요하다.

프로덕트란 소비자가 보는 전체 프로덕트일 수도 있고 기능에 따라 더 작은 부분으로 나눠질 수도 있다는 사실을 잘 이해해야 한다. 프로덕트가 만들어지고 사용자에게 전달되는 과정, 즉 프로세스 역시 프로덕트가 되고 표준화가 될 수 있다는 점을 반드시 기억하자. 이 밖에도 프로덕트를 구성하는 릴리스 노트, 온라인 헬프on-line help 같은 문서 자료도 프로덕트가 될 수 있다. 엔지니어링 팀이 공통으로 사용하는 공유 컴포넌트shared component도 마찬가지다. 모든 것이 모여 예상하는 동작을 하도록 하려면 누군가의 시작이 필요하다. 그 역할은 바로 프로덕트 설계, 개발, 테스트, 릴리스 그리고 릴리스 후의 라이프 사이클까지 모든 프로세스에 책임을 가진 사람, 바로 PM이 한다.

1.2 PM 정의

PM 역할과 책임은 회사와 산업에 따라 다르다. 시간이 흐르면서 바뀌기도 하기 때문에 프로덕트 매니지먼트를 정의하기란 쉽지 않다. 지금부터 프로덕트 매니지먼트를 구성하는 핵심 원칙을 다루며 흔히 PM 역할로 오해하는 것과 진짜 역할을 살펴보겠다.

1.2.1 PM 역할이 아닌 여섯 가지

프로덕트 매니저 역할이 아님에도 프로덕트 매니저의 역할이라고 생각하는 경우가 있다. 사람들이 많이 하는 여섯 가지 오해를 하나씩 살펴보며 프로덕트 매니저 역할은 무엇인지 알아보자.

1 보고 라인에 있는 팀 상사

PM의 직함에 '매니저'라는 타이틀이 있어 사람을 '관리'하는 일이라고 생각할 수 있다. PM은 사람을 관리하지 않는다. 아무도 보고하지 않으며 그 누구의 상사도 아니다. 인사관리를 하지도 않는다.

PM은 강요하거나 지시하지 않고 함께 일하는 구성원을 설득하고 영감을 주는 역할을 한다. 제품이나 기능이 필요한 이유를 이해하고 사람들에게 설명해야 한다. 양보나 타협이 아닌 '왜'에 대한 비전을 명확하게 이

해시켜 엔지니어 및 디자이너와의 협업을 이끌어내야 한다. PM은 이런 일을 하도록 의도적으로 설계된 역할이다.

프로덕트를 만들어가는 과정에서 PM은 협업하는 동료에게 솔직하고 건설적인 피드백을 원한다. 생각해보자. PM이 상사라면 이견이 있을 때 편하고 자유롭게 이야기할 수 있을까? 구성원 간 동등한 관계는 제품을 훨씬 객관적이고 훌륭하게 만들 수 있는 토대가 된다. PM은 구성원의 업무를 관리하는 위치가 아니라 구성원과 동등한 관계에서 설득력과 영향력으로 최고의 협업을 이끌어내는 사람이다.

2 능숙한 기술자

PM은 개발자나 IT 담당자 같은 기술자가 아니다. 기술적인 역할보다 고객의 불편함에 공감하고 비즈니스를 파악해 제품에 반영하고 릴리스까지 책임지는 역할을 한다. 모든 기술 지식을 이해해야 하는 것은 아니다. PM 역할을 잘못 이해한 것이다. PM은 소통에 필요한 최소한의 기술만 알면 된다. 더 중요한 것은 기업이 만드는 제품을 이해하는 것과 무엇을 시장에 판매할 수 있는지 판단하는 안목이다.

애플의 스티브 잡스는 우리 세대 최고의 PM이었다. 스티브 잡스가 코딩을 했다거나 기술 개발 특허를 가졌다는 이야기를 늘어본 적이 있는가? 그는 최소한의 프로그래밍과 컴퓨터 관련 지식이 있었으며 수익성 있는 규모로 문제 해결 기술을 '적용'하는 것이 전문이었다.

3 마케터

PM은 프로덕트가 우수한 점을 누구보다 분명하게 설명할 수 있어야 한다. 고객에게 매번 직접 설명할 필요는 없다. 마케터가 할 일이다.

PM은 고객을 직접 상대하는 마케터와 세일즈 담당자가 제품의 강점을 잘 인지한 상태에서 고객의 문제에 집중하여 홍보와 판매를 하고 있는지 면밀히 모니터하는 것이 중요하다. 그 과정에서 얻는 정보가 프로덕트 품질 향상을 위한 기회를 제공하기 때문이다. 기본적으로 마케터 및 세일즈 담당자는 고객 문제나 기존 프로덕트가 개선해야 할 점, 영업 성과를 향상할 수 있는 방법을 안다. 마케터 및 세일즈 담당자와 건전한 공생 관계를 만들어가면서 일을 도와야 한다. PM에게 가장 중요한 '우수한 품질의 제품을 출하'하는 데 필수 불가결한 일이다.

4 프로덕트 오너

흔히 PM과 프로덕트 오너^{product owner}(PO)를 혼용하곤 한다. 애자일 방법론을 적용하는 스크럼^{scrum} 개발 프로세스에서 PO는 모든 백로그(예: 프로덕트 및 스프린트 백로그^{sprint backlog})의 우선순위 지정에 대한 오너십을 갖는다. 물론 기업 환경과 조직 크기에 따라 PM이 프로덕트 빌드 및 딜리버리 사이클에 관여하며 프로덕트 오너 역할까지 하기도 한다.

PM이 PO와 명확하게 다른 점은 디스커버리 프로세스에 더 많은 시간을 할애한다는 것이다. PM으로서 할 수 있는 가장 가치 있는 일은 '전략적 역할을 수행하기 위한 생각할 시간을 갖는 것'이라는 말이 있다. PM은 사용자가 원하는 것과 시장이 원하는 것을 파악해 전략적 계획을 세우는 사람이다.

5 애자일 전문가

'애자일'과 '린 스타트업'은 현대 소프트웨어 개발 업계에서 가장 주목받는 키워드다. 물론 애자일 방법론을 적용하지 않는다고 해서 구시대적인 접근 방법인 것은 아니다. 실패하는 프로덕트를 만드는 것도 아니다.

PM이 애자일 전문가처럼 애자일 방법론에 능숙해야 한다는 것은 큰 오해다. 애자일 신앙에 얽매여서는 안 된다. 다양한 주변 상황과 환경에 맞는 개발 방법을 찾아 개선해 나가는 역할을 할 뿐이다. 실제 개발 프로세스를 진행하는 역할은 PO 나 스크럼 마스터scrum master가 한다.

6 데이터 분석가나 사용자 리서처

PM은 때때로 데이터를 분석하고 다음 질문이 무엇인지 파악한 후 고객이 매력적이라고 느끼는 답변을 만들어야 한다. 하지만 린 스타트업 관점에서 프로덕트 매니지먼트 목표는 '최종 사용자에게 가치를 제공하지 않는 활동을 제거하는 것'이다. 최종 사용자를 위한 가치에 대해서는 리더십, 엔지니어링, 세일즈, 마케팅, 고객지원과 같은 내부 이해관계자가 프로덕트 비전과 미션을 이해하도록 한다. 그 가치에 이해하고 동의했다면 데이터를 적용하고 공유한다. 이때 데이터 수집은 사용자조사 팀이나 데이터분석 팀에 의뢰하면 된다.

1.2.2 PM 역할

사람들이 흔히 착각하는 PM 역할을 알아보면서 실제 PM은 어떤 일을 하는지 알아봤다. 이제 PM의 진짜 역할은 무엇인지 알아볼 차례다. 크게 세 가지로 나눌 수 있다.

1 커뮤니케이션의 허브 역할

PM은 조직에서 프로덕트 관련 정보의 중심이다. 정보 양과 품질, 이해도를 끊임없이 정리한다. 즉 모든 이해관계자를 위한 커뮤니케이션 허브 역할을 한다. 경우에 따라 본인이 속한 엔지니어링 그룹을 넘어 고객과 직접 커뮤니케이션한다. 고객과 소통할 때 사용하는 비즈니스 언어와 회사 내부에서 사용하는 기술적 언어가 서로 다를 수 있다. 이때 고객의 언어를 기술 용어로 바꿔 엔지니어링 팀에 말하는 커뮤니케이션 능력을 갖춰야 한다.

2 우선순위 조정 역할

PM은 매일 우선순위와 다툰다. 모든 이해관계자는 본인과 관련 있는 업무가 가장 빠르게 처리되길 원한다. 고객 역시 마찬가지다. 본인의 문제가 다른 고객 문제보다 더 빨리 해결되기를 원한다. 이때 PM의 균형감이 중요하다. 합리적인 기준으로 우선순위를 조절하고 모든 이해관계자를 설득하고 합의를 이끌어내야 한다. 이는 PM의 역할이자 중요한 능력이다.

3 프로덕트 대표이자 치어리더 역할

PM은 프로덕트를 대표하는 전체 책임자이지만, 동시에 치어리더 역할도 한다. 엔지니어와 디자이너가 어려운 기술 과제를 해결하는 데 집중하는 동안 PM은 다양한 이해관계자의 피드백과 사용 지표를 통해 어떤 것이 중요하며 다음에 무엇을 구현할 수 있는지, 어떻게 하면 시간을 잘 활용할 수 있는지 살펴보고 결정한다. 엔지니어와 디자이너가 최상의 성과를 낼 수 있도록 이끄는 것이다

PM 역할을 간단하게 표현하자면 '프로덕트 성공에 대한 모든 책임을 지는 역할'이다. 여기서 말하는 '성공'은 기업 비전과 일치해야 하며 해당 엔지니어링 팀 목표와도 동일한 방향이어야 한다. 또한, 성장과 내실을 모두 가지고 고객과 사용자 만족도도 유지해야 한다.

1.3 B2B와 B2C

지금부터 두 가지 유형의 PM을 알아보자. 소프트웨어 개발 및 기술 분야에서는 B2B^{business to business} PM과 B2C^{business to consumer} PM으로 나눌 수 있다. 두 유형의 차이는 '누구를 위한 프로덕트를 만드느냐'에 있다.

1.3.1 누구를 향하는지에 따라 구분

B2B 및 B2C 핵심은 2라고 쓴 'to'에 있다. 누구를 향하고 있느냐, 즉 비즈니스가 어떤 이해관계자를 향하고 있는지가 중요하다. 기업 대상이라면 B2B, 소비자 대상이라면 B2C다.

B2B는 프로덕트 대상이 개인 사용자가 아닌 기업이나 단체인 비즈니스 형태를 의미한다. 프로덕트를 다른 기업에 판매하고 기업이 그 프로덕트를 사용해 또 다른 경제 활동을 한다. B2B PM은 기업용 제품과 서비스를 만드는 소프트웨어 기업에서 프로덕트를 관리한다. B2B 소프트웨어를 제공하는 대표적인 기업으로 오라클, SAP, 세일즈포스, 마이크로소프트 등이 있다.

B2B 프로덕트는 다른 회사의 비즈니스를 돕고 해결하도록 설계됐다. PM은 자사 고객 담당 매니저, 고객 기업 내 직접 사용자와 많은 소통을 해야 한다. 제공한 프로덕트가 비즈니스 요구 사항을 충족하는지 정기

적으로 확인하고 업무 프로세스를 표준화하면서 발전시켜야 한다. B2B PM의 외부 이해관계자는 제품을 직접 사용하는 고객이나 고객 담당 매니저, 내부 이해관계자는 개발, 디자인, 테스트를 진행하는 프로덕트 엔지니어링 팀이다. 기업 상황에 따라 마케팅, PR, 영업, 커뮤니케이션 팀까지 내부 이해관계자가 되기도 한다. 또한, B2B PM은 고객의 비즈니스를 이해하는 능력과 산업 및 고객별 비즈니스 흐름을 표준화하는 기술 능력이 필요하다.

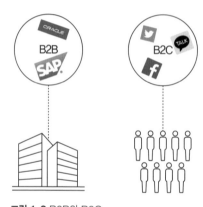

그림 1-3 B2B와 B2C

다음 유형은 B2C PM이다. B2B PM에 비하면 B2C PM은 일상에서 쉽게 만날 수 있다. 제공하는 프로덕트가 기업이 아닌 일반 소비자를 대상으로 하기에 종류도 많고 접근도 쉽다. B2C 프로덕트에는 유튜브, 페이스북, 트위터, 인스타그램, 틱톡이 있다. 국내에는 카카오톡이나 야놀자, 당근마켓 같은 서비스가 있다. 일반 소비자, 즉 컨슈머 PM은 비전과 아이디어를 구현하기 위한 창의성을 갖춰야 할 뿐만 아니라 광범위하고 급변하는 기술을 빠르게 프로덕트에 적용하는 능력이 필요하다. 소비자 역할에 서서 매순간 불확실한 상황을 모니터링하는 지표[metric]를 만드는 데에도 역량을 발휘해야 한다.

B2B PM은 고객인 기업이 특정 기능을 요구하면 그에 따라 프로덕트 방향을 잡을 수 있다. 그러나 개인을 타깃으로 하는 B2C PM은 무엇을 구축해야 할지 정확하게 예측하는 것이 어렵다. 이런 이유로 B2C PM은 사용자 선호를 파악하고자 많은 사용자와 대화하며 다양한 프로토타입을 만들어 A/B 테스트를 하고 데이터를 분석하는 데 많은 시간을 할애한다.

1.3.2 B2B와 B2C 프로덕트 매니지먼트 비교

다음은 B2B와 B2C 차이를 가장 잘 설명한 말이다.

B2B is about building for Business Workflows.
B2C is about building for User Behaviors.

B2B 프로덕트 매니저는 비즈니스 워크플로를 구축한다.
그에 반해 B2C 프로덕트 매니저는 사용자 행동을 구축한다.

B2B와 B2C는 프로덕트를 처음 설계하고 만드는 출발점 자체가 다르다.

B2B는 고객의 비즈니스를 이해하고 기존 프로세스 내에서 어떤 시장 이점을 가져다줄 수 있는지 고민하며 고객과 '협업'하는 개념으로 제품화 과정을 발전시킨다. 반면 B2C는 '먼저 시도하고 배우기test and learn'로 고객에 접근한다. 불특정 다수를 대상으로 하므로 최적점을 찾고자 지속적으로 시도하고 배우고 실험하면서 제품 시장 적합성product market fit(PMF)을 찾아가야 한다.

제품 시장 적합성을 찾는 가장 일반적인 방법은 A/B 테스트다. 서로 다른 두 개의 프로토타입을 동시에 실험하고 전개하는 것이다. 해당 실험 데이터로 사용자가 무엇을 더 선호하는지, 무엇이 더 나은 선택인지 알 수 있다. 다만 B2B 프로덕트에는 절대로 사용해서는 안 되는 접근법이다. 사용해도 된다는 허락을 받을 수도 없다. B2B 비즈니스 워크플로의 최고 가치는 표준화와 안정성에 있다. 서로 다른 워크플로나 UXuser experience, UIuser interface가 동일한 비즈니스 환경에서 동시에 돌아간다고 생각해보자. 은행의 서울 지점과 부산 지점의 대출 업무 UX가 서로 다르다면 대출 후 이어지는 비즈니스 워크플로에 상당한 영향을 미칠 것이다.

그렇다면 B2B PM은 A/B 테스트 같은 접근 방법 없이 어떻게 사용자 경험을 인식하고 지속적으로 발전시킬 수 있을까? B2B PM은 '라이브 실험' 방법으로 현재 워크플로를 모니터링한다. 즉 현재 워크플로에 나타나는 비용 및 시간, 인원, 사용 수를 면밀히 분석해 효율성을 찾는다. 고객에게 실험 내용을 알리고 승인받은 후에 실시하므로 고객은 현재 본인의 워크플로가 모니터링되고 있다는 것을 인식한다. 쉽게 승인받을 수 있는 일이 아니다. 고객과 깊은 신뢰를 형성해야 가능한 일이다.

B2C는 프로덕트 아이디어를 검증할 때도 사용자 조사나 인터뷰처럼 정량적이면서도 정성적인 방법으로 접근한다. 불특정 다수의 선호도를 행동 패턴으로 표현하는 것은 매우 어렵다. 최대한 많은 사용자의 피드백을 기반으로 중점 패턴을 찾아낸 후 인터뷰를 해 프로덕트 강점을 찾는다. B2B에서는 통하지 않는 방법이다. 일단 많은 고객을 대상으로 하는 조사는 고객 간 업무 특수성에서 오는 차이가 워낙 커 큰 의미를 갖지 못한다. 또한, 특수성을 모두 공개하려고 하지도 않는다. 특수성을 파악하면 훌륭한 B2B 프로덕트를 만들 수 있다는 의미이기도 하다. 훌륭한 B2B 프로덕트를 만들고 싶다면 오랜 시간 고객에게 깊은 신뢰를 받는 것은 물론 고객의 비즈니스를 이해할 수 있는 해당 분야 업무 지식을 갖춰야 한다. 기업 고객은 본인들의 비즈니스를 이해하지 못하는 PM을 절대로 신뢰하지 않는다.

B2C 프로덕트는 클라우드나 모바일 환경에서 지속적 통합continuous integration(CI)과 지속적 배포continuous delivery(CD)[2]를 통해 소프트웨어 딜리버리

---

2   지속적 통합(CI) 및 지속적 배포(CD)는 소프트웨어 개발 방법론 중 하나로 소프트웨어 빌드, 테스트 및 배포 과정을 자동화하고 통합하여 개발 프로세스를 최적화하는 것을 목표로 한다. CI는 여러 개발자가 작성한 코드 변경 사항을 정기적으로 중앙 코드 저장소에 병합하고, 자동으로 빌드 및 테스트하여 통합 문제를 식별하는 것을 의미한다. 이를 통해 개발 프로세스 초기 단계에서 오류를 발견하고 수정함으로써 더 큰 문제를 방지할 수 있다. CD는 테스트된 코드 변경 사항을 자동으로 운영 환경에 배포하여 최종 사용자에게 즉시 사용할 수 있도록 하는 것을 의미한다. 이를 통해 새로운 기능과 오류 수정을 빠르게 제공하면서도 다운타임의 위험을 최소화할 수 있다.

사이클을 매우 짧게 가져가는 경향이 있다. B2B 공간에서는 이렇게 할 수 없다. 많은 변화가 필요한 발전은 고객에게 박수를 받기보다는 저항을 받기 쉽다. 익숙해진 업무 프로세스가 빈번하게 바뀐다거나 사라지고 새로운 게 생겨난다면 적응하기까지 업무 생산성이 떨어진다. 매우 조심스럽게 접근해야 한다. 고객인 기업에 장기 로드맵을 설명하고 로드맵에 계획된 릴리스를 철저히 따라 새로운 프로덕트를 제공해 고객의 비즈니스 워크플로를 거부감 없이 발전시키는 것이 좋은 방법이다.

B2B와 B2C가 극명하게 갈리는 지점이 있다. 사용 주체와 사용을 결정하는 주체가 다르다는 것이다. B2C 제품과 서비스는 대부분 사용 주체와 사용을 결정하는 주체가 동일하다. 즉 카카오톡을 사용하겠다고 마음 먹은 사람은 사용자 본인이다. 사용자가 직접 카카오톡 애플리케이션을 설치하고 사용하며 자신의 의지로 결정하고 사용자가 된다. B2B에서는 실제로 사용하는 운영자가 사용이나 효용성을 리더십 팀에 보고한다. 리더십 팀은 다양한 이해관계자와 협의하고 기업의 최적 솔루션을 검증하는 단계를 거쳐 전략적으로 구매 및 사용을 결정한다. 즉 사용자와 최종 결정권자가 서로 다른 경우가 일반적이다. 이는 추후 유지 보수나 신규 구매를 하는 상황에서도 매우 중요한 영향을 미친다.

표 1-1 B2B, B2C 프로덕트 매니지먼트 유형 비교

	B2B 프로덕트 매니지먼트	B2C 프로덕트 매니지먼트
아이디어 검증 개념	비즈니스 고객에게 시장 이점을 주기 위한 지점 발견	시도하고 배우기 접근법과 시장 적합성을 찾기 위한 지속적 실험
검증 방법	사전 동의를 얻은 라이브 실험과 사용자의 피드백(도메인 지식이 반드시 필요)	A/B 테스트, 다중 변수(multivariate) 테스트, URL 분기(split) 테스트, 사용자 조사, 인터뷰
목적	고객과의 신뢰 구축을 통한 프로세스 향상	사용자의 행동 주시 및 분석
릴리스	계획에 따른 릴리스	빠르고 잦은 릴리스
사용자 구분	사용 결정권자와 실제 사용자(운영자)가 다름	사용 결정권자와 사용자가 대체로 동일

1.4 프로덕트 매니저, 프로젝트 매니저, 프로그램 매니저는 어떻게 다른가?

20세기 철학을 완성했다고 칭해지는 루트비히 비트겐슈타인[Ludwig Wittgenstein]은 "내가 사용하는 언어의 한계가 내가 사는 세상의 한계를 규정한다"라고 했다. 수많은 언어에는 그것을 사용하는 언중의 사회적 합의에 따라 방향을 나타내는 지시어나 숫자, 색상을 구분하는 것에서도 큰 편차가 있다.

페루의 소수민족 중 마체스[Matses] 부족은 자신들이 말하는 모든 사실이 말하는 그 순간 진실인 정보만 조심스럽게 전달하는 언어를 사용한다. 해당 정보를 알게 된 경위와 사실이었던 가장 최근 시기는 언제인지에 따라 다른 동사를 사용할 정도로 사실[fact]에 집착하는 언어다. 정보를 나타내는 다양한 용법을 사용하며 정보를 알게 된 것은 현재인지 과거인지, 과거의 어떤 시점에서 나온 가정인지, 기억을 통해 나온 정보인지 나타내는 용어가 있다. 라이스 대학교의 철학박사인 데이비드 플렉의 논문[3]에 따르면 마체스 언어의 가장 큰 특징인 발언의 근거를 요구하는 특성은 지식의 출처에 따라 다른 동사 변화가 있다는 사실, 그리고 지식이 얼마나 진실된 것이며 정보가 얼마나 유효한지, 자신이 얼마나 해당 정보를 확신하는지 나타내는 방법이 각각 있다고 한다. 현대의 어떤 언어도 마체스 부족이 사용하는 정도의 사실 확인 기능을 하지 못하는 것은 아쉬움으로

---

3   「A grammar of Matses」(Rice University, 2003)

남는다.

프로덕트 및 프로젝트^{project}, 프로그램^{program} 매니저는 오늘날 'PM'이라는 약어로 통칭된다. 현재 회사에서 필자에게 부여한 직무 타이틀은 '프로그램 매니저'다. 프로덕트 매니저는 물론 프로젝트 매니저 역할도 했으나 프로그램 매니저로 칭한다. 다른 사람에게 '저는 PM입니다'라고 소개하면 두 가지 반응을 보인다. 첫째, 대부분 어떤 일을 하는지 직관적으로 이해하지 못한다. 둘째, 어떤 업계에서나 사용되는 프로젝트 매니저일 것이라고 이해한다.

공통적으로 붙는 '매니저'라는 말을 '관리자'로 이해해 팀원은 몇 명 있는지 질문을 듣기도 한다. 정확히 이해하고 넘어가야 할 부분이 있다. 매니지먼트해야 할 대상은 사람이 아니다. 각 매니저가 관리해야 할 대상을 보자. 프로덕트 매니저는 프로덕트(혹은 서비스)다. 프로젝트 매니저는 시간, 비용, 리소스다. 프로그램 매니저는 특정 기능이다. 사람을 관리하는 매니저와는 다른 역할이다. 이 점을 명심하며 프로덕트 및 프로젝트, 프로그램 매니저를 알아보자.

1.4.1 프로덕트 매니저

벤 호로위츠^{Ben Horowitz}는 '훌륭한 프로덕트 매니저는 그 프로덕트의 CEO 다'라고 했다.[4] 즉 해당 프로덕트의 성공과 실패를 책임져야 한다는 의미

---

4   'Good Product Manager/Bad Product Manager', Andreessen Horowitz

다. 개인적으로는 '비저너리^{visionary}'라는 말을 더 선호한다. 프로덕트 매니저는 고객과 시대가 요청하는 사항을 잘 읽어 비전화하고 솔루션을 만든 후 제품과 서비스에 포함시키며 프로덕트 라이프 사이클을 책임지는 역할을 한다. 다시 언급하지만 스티브 잡스 역시 우리 시대 최고의 프로덕트 매니저였다. 시대가 변함에 따라 고객의 요청에 '애플'이라는 프로덕트 브랜드를 이미지화했고 최고의 가치로 제공했다.

IT 기술 회사에서 프로덕트 매니저는 엔지니어링 및 개발 그룹, 프로덕트를 소유한 그룹 내 존재한다. 프로덕트 매니저라는 직함을 가졌다면 엔지니어링/개발 그룹 내 속했을 가능성이 매우 높다. 프로덕트가 있는 곳에는 항상 프로덕트 매니저의 역할이 있기 때문이다.

> **NOTE_ 프로덕트 매니저의 주요 역할**
> - 전략적인 사업 목표/비전에 맞춰 비즈니스 목표치(business objectives) 정의
> - 고객 요청을 수렴해 요청에 부합하는 솔루션 제공
> - 고객 요청을 우선순위로 정리하고 프로덕트 라이프 사이클 정의
> - 경쟁 프로덕트와 비교하며 프로덕트의 지속 가능한 장점 구축
> - 해당 프로덕트의 전체 책임자 역할(디자인, 개발, 디플로이먼트(deployment), 프로덕션)
> - 수익 모델, 홍보 마케팅은 그룹 내 판매나 마케팅을 담당하는 부서와 협의

1.4.2 프로젝트 매니저

IT 기술 기업에서 프로젝트 매니저는 엔지니어링 및 개발 그룹에 있을 수 있다. 혹은 고객을 지원하는 필드 서포트에서 존재할 수도 있다. 즉 프로젝트 매니저라는 직함만으로는 정확히 어떤 조직에 위치했는지 파악하기 어렵다. 국내에서 PM이라고 하면 대부분 암묵적으로 프로젝트 매니저로 이해한다. 무엇보다 프로덕트 및 프로그램 매니저보다 역사가 오래됐다. 기존 IT 기술 대기업들의 주요 업무가 B2B 기반 SI^{system integrator} 개발 사업이었기 때문에 고객 프로젝트가 많았다. 또한, 프로젝트 계획, 업무 분담, 공정 시기에 맞춰 진행을 관리하는 일이 상대적으로 많아 좀 더 대중화된 것도 이유 중 하나다.

IT 기업의 엔지니어링 및 개발 그룹에서도 프로젝트 매니저는 매우 중요한 역할을 수행한다. 최근에는 프로젝트 매니저보다 스크럼 마스터나 스크럼의 스크럼이라고 한다. 주로 프로젝트의 타임라인과 진행 속도를 관리하는 역할이다. 타임라인과 진행 속도에는 리소스(시간, 인원, 비용)를 어떻게 효과적으로 투입할지, 그리고 투입 결과를 분석해 예정된 시간에 계획했던 기능을 포함한 프로젝트를 마치는 것까지 모두 포함된다.

> **NOTE_ 프로젝트 매니저의 주요 역할**
> - 위험(risk) 관리
> - 자원(resource) 관리
> - 범위(scope) 관리

프로젝트 매니저는 예상하지 못한 상황을 헤쳐가면서 가용 가능한 리소스로 정해진 시간에 계획된 품질을 가진 프로덕트를 출시하는 것이 목표인 역할이다. 프로젝트가 개시로 시작하고 완료인 상태로 종료하도록 하는 것이 목표다.

1.4.3 프로그램 매니저

세 가지 PM 중 가장 생소한 것이 프로그램 매니저일 것이다. 프로그램 매니저 역할은 프로덕트 매니저와 80% 이상 같다. 관리 대상이 프로덕트와는 약간 다른 속성을 갖는다는 이유로 '프로그램 매니저'라는 타이틀로 역할을 수행한다.

가장 설명이 쉽지 않고 까다로운 PM이기도 하다. 프로덕트 및 프로젝트 매니저와는 달리 회사마다 조금씩 다른 역할의 의미를 혼합해 사용한다. 프로그램 매니저는 크게 두 가지 역할로 나눌 수 있다.

첫째, 테크 기업에서 프로덕트 매니저와 비슷하지만 책임의 한계에서 특정 기능을 소유한 프로덕트 오너로 사용하는 경우다. 마이크로소프트 365 제품을 예로 들어 설명하겠다(그림 1-4). 스콧, 폴, 토니는 워드, 엑셀, 파워포인트 프로덕트를 책임지는 프로덕트 매니저다. 엘리자와 피터는 본인이 책임지는 특정 프로젝트는 없으나 '복사와 붙여 넣기' 및 '맞춤법 검사' 기능처럼 365 프로젝트에 공통으로 탑재돼 동작하는 기능을 디자인하고 개발하는 역할을 담당하는 책임자다. 이렇게 공통 기능이나 공유 가능한 컴포넌트 오너를 프로그램 매니저라고 한다.

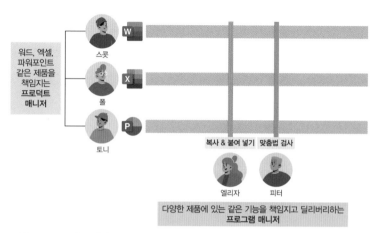

그림 1-4 프로덕트 매니저와 프로그램 매니저

이런 기능은 생각보다 많다. 인공지능, 머신러닝 또는 전체 디자인 공유 시스템, 결제 시스템 등이 좋은 예다. 앞서 이야기한 소프트웨어 프로덕트를 이루는 기본 단위의 컴포넌트와 인스턴스로 이뤄진 프로덕트를 책임지는 것은 프로덕트 매니저이지만 컴포넌트와 인스턴스 오너들은 프로그램 매니저가 된다. 즉 공유되는 기능을 제공하는 역할을 수행하고 품질에 책임을 다하는 일을 '프로그램'이라고 명명하고 프로그램 매니저에게 맡겨 진행한다. 글로벌 테크 기업이 주최하는 연례 사용자 콘퍼런스를 가면 특정 프로덕트는 프로덕트 매니저가 소개나 시연하지만 신기술이나 기능을 소개할 때는 프로그램 매니저가 소개하는 모습을 흔히 볼 수 있다. 프로그램 매니저가 관리하는 기능이나 기술을 프로덕트가 아닌 프로덕트에 부가가치를 만드는 활성화 기술로 분류하기도 한다.

둘째, 전체 딜리버리(프로젝트를 여러 개 묶었다는 의미로 생각하자. 여러 개의 프로젝트가 하나의 스위트suite를[5] 이뤄 같은 시기에 세트 개념으로 사용자에게 제공된다는 의미다)를 책임진다고 해서 딜리버리 매니저의 개념도 있다. 엔지니어링 및 개발 그룹 소속 여부와 상관없이 프로젝트 매니저와 비슷한 역할을 수행한다. 프로젝트 매니저의 상위 매니저 같은 개념으로 이해하면 쉬울 것이다.

연관성 있는 다양한 프로젝트를 모아 관리하는 큰 개념의 프로젝트 매니저다. 프로젝트 매니저와 혼동하지 않도록 딜리버리 매니저라고 칭한다. 각 프로젝트에 대한 자세한 이해를 갖기보다는 모두를 조율해 하나의 스위트로 나가는 역할을 수행한다. 앞서 [그림 1-4]에서 볼 수 있듯이 워드, 엑셀, 파워포인트처럼 각 프로덕트의 프로젝트 매니저가 있다면 이를 오피스로 묶어서 한 번에 딜리버리를 책임지는 딜리버리 매니저가 있는 것이다. 회사에 따라서 프로그램 매니저라고 부르기도 한다. 프로그램 매니저는 각 프로덕트가 한 번에 세트로 묶여 나올 때의 비즈니스 임팩트와 그를 분석해내는 역량을 요구한다. 해당 부분은 프로덕트 매니저가 볼 수 있는 비전의 한계를 넘어서는 프로그램 매니저의 고유 영역이다.

---

5   프로덕트 스위트는 고객의 요구에 종합적인 솔루션을 제공하기 위한 관련 제품 또는 서비스 모음이며, 다양한 관련 제품을 함께 패키징하여 추가적인 가치와 편의성을 제공한다.

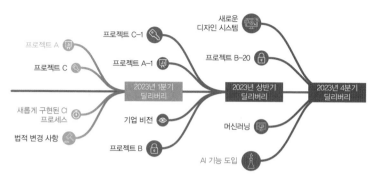

그림 1-5 딜리버리 매니저 역할을 하는 프로그램 매니저의 예

스타트업처럼 작은 규모에서는 프로덕트 매니저가 프로젝트 관리를 함께하는 경우가 많다. 그러나 비즈니스가 진화하면서 앞서 설명한 세 가지 역할은 따로 그리고 함께 맞춰 동작한다.

표 1-2 세 가지 PM 역할 정리

구분	역할
프로덕트 매니저	프로덕트의 '무엇'과 '왜'에 초점이 있는 역할
프로젝트 매니저	프로덕트의 '언제'에 관심이 있는 역할
프로그램 매니저	프로덕트를 '어떻게(어떤 방법으로)' 책임지는 역할

1.5 글로벌 기술 기업의 조직 구조 이해하기

조직 구조는 기업이 효율적인 의사 결정 프로세스를 구현하는 것이 궁극적인 목표다. 기업 규모가 작으면 모든 사람이 모든 일을 하는 것처럼 느낄 수 있지만 기업이 성장하면서 사람의 역할은 더욱 전문화되고 비즈니스 우선순위에 따라 개별 팀의 전문성은 더 커진다. 소프트웨어 빅 테크 기업은 어떻게 프로덕트를 기획 및 설계, 생산, 판매 그리고 선셋[sunset6]까지 라이프 사이클을 관리하는 것일까? 책임의 한계와 이해관계는 어떤 기준으로 동작하는지 알아보자.

1.5.1 수익 창출과 수익 활성화 그룹 구분

글로벌 테크 기업 중 소프트웨어 전문 기업이 어떻게 운영되는지 이해하는 것이 중요하다. 따분한 이야기일 수 있지만 PM을 중심으로 이해관계자가 어떻게 구성되며 프로덕트가 어떻게 만들어지는지 가장 빨리 이해할 수 있는 방법이다.

글로벌 소프트웨어 기업의 사업 구획을 이해해야 한다. 물론 기업이나 조직에 따라 더 복잡할 수도, 더 단순할 수도 있다. [그림 1-6]을 보면 알

---

6   프로덕트 선셋이란 특정 제품을 시장에서 단종하거나 단계적으로 퇴출하는 과정을 지칭한다. 이는 판매 감소, 소비자 선호도 변화, 새로운 기술 또는 혁신, 제품이 오래되거나 구식이 되는 등 다양한 이유로 발생할 수 있다.

수 있듯이 기본적으로 크게 다섯 가지 사업 구획으로 나뉜다.

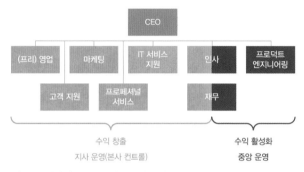

그림 1-6 간략화된 소프트웨어 기업 조직 구조

색깔 구분이 중요하다. 노란색 상자, 즉 영업 및 마케팅, 고객 지원, IT 서비스 같은 부서는 직접 수익을 만들거나 사용하는 부서다. 수익 창출을 담당한다. 주로 지사와 같은 로컬 조직이 비즈니스 활동과 운영을 한다 (물론 본사에서 큰 방향을 통보하거나 지시한다).

이 밖에 인사, 재무나 프로덕트 엔지니어링은 간접적으로 수익과 관련이 있다. [그림 1-6]에서 검정색으로 표시했다. 수익이 발생할 수 있도록 활성화해주는 수익 활성화 그룹으로 분류한다. 즉 직접 돈을 버는 조직은 아니지만 수익을 만들어낼 수 있도록 원천을 제공하는 조직이다. 해당 조직은 중앙에 위치하며 통제와 지시가 중앙으로 집중됐다. 사무실 위치가 중앙이라는 의미가 아니다. 위치와 상관없다. 보고 라인이 모두 중앙에서 관리된다는 의미다. 예를 들어 SAP의 비즈니스 본사는 컨트롤 타워 역할로 독일과 미국에 있으나 프로덕트 엔지니어링의 본사 위치는 특별히 없다. 개발자는 한국에도 있고 미국이나 프랑스에도 있다. 모두 연합해 프로덕트를 만들어낸다. 보고 라인은 모두 프로덕트 엔지니어링 조직 내에서 일원화돼 있다. [그림 1-6]에서는 인사 부서와 재무 부서는 지사 조직과 중앙 조직에 모두 위치해 색을 반씩 표현했다.

수익을 활성화하는 대표적인 그룹인 프로덕트 엔지니어링 그룹을 보자. 물론 기업 크기와 프로덕트 라인에 따라 다르다. 일반적인 글로벌 소프트웨어 기업의 프로덕트 라이프 사이클을 전체적으로 책임지는 엔지니어링 그룹을 설명해보겠다.

[그림 1-7]은 톰을 부서장으로 '여행 예약 애플리케이션'이라는 프로덕트를 만드는 엔지니어링 그룹 예다. 개발 팀, 딜리버리 팀, 디자인 팀 외에도 프로덕트 매니지먼트 팀, GTM^go to market 팀 등이 같은 조직 레벨에서 업무를 담당한다. 프로덕트 오너 팀이 보이지 않아 의아할 수 있다. 프로덕트 매니지먼트가 독립적인 팀을 유지하는 데 반해 프로덕트 오너 팀은 프로덕트의 딜리버리에 집중하는 팀이다 보니 PO들은 대부분 엔지니어링, 그중에서도 개발 팀에 소속된다. 이는 1.7절에서 다시 설명한다.

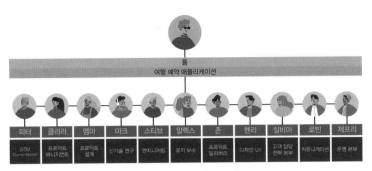

그림 1-7 소프트웨어 기업의 엔지니어링 부서 조직 구조 예

1.5.2 PM은 누구와 함께 일할까?

PM은 도대체 누구와 어떻게 일을 할까? 앞서 PM은 모든 이해관계자의 커뮤니케이션 허브 역할을 해야 한다고 했다. 이제 이해관계자는 누구인지 살펴볼 차례다.

[그림 1-8]을 보자. PM은 프로덕트 출시 전략을 만드는 GTM이나 부서 인원과 비용을 관리하는 COO^chief operating officer(최고 운영 책임자)처럼 수익을 직접적으로 다루는 부서의 담당자와 소통하고 동시에 엔지니어링 핵심인 개발과 디자인 그룹과도 시간을 보낸다. 개인 개발자나 디자이너와는 함께 일하지 않는다. 담당 매니저들과 프로덕트 비전, 로드맵, 진행 상황을 공유하고 리드한다.

재미있는 것은 고객이나 사용자 피드백을 얻고자 직접 접촉하기도 하지만 특별한 비즈니스 도메인 지식이 필요하거나 고객 접근이 쉽지 않으면 고객을 담당하는 솔루션 매니저[solution manager]를 통해 고객이나 사용자의 상황을 살펴볼 수 있다. 기업에 따라 명칭은 다르나 비즈니스 도메인 전문가[business domain expert]라고 이해하면 된다. 이 밖에도 중요한 이해관계자에게 보고해야 하는 리더십 팀이 있다. 리더십 역할과 책임은 1.6절에서 다룬다.

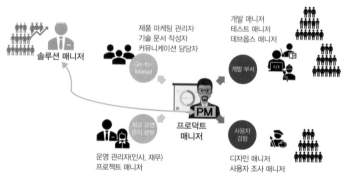

그림 1-8 PM은 누구와 함께 일하는가?

1.6 프로덕트 리더십 팀의 역할과 책임

일반적으로 기업의 프로덕트 엔지니어링 그룹은 소프트웨어 기업의 프로덕트의 개발 및 출시를 담당한다. 기업에 따라 프로덕트 엔지니어링 그룹 이름은 R&D, 개발 부서, 혹은 프로덕트 그룹이라고도 한다. 개발과 출시를 담당하는 해당 그룹에는 최상위에 '프로덕트 리더십'이라는 매니지먼트 그룹이 존재한다. 구성 인원은 기업 크기나 프로세스에 따라 다르며 책임의 한계 또한 다르다.

스타트업은 CEO가 프로덕트 리더의 총괄 역할을 하기도 한다. 좀 더 큰 기업이라면 프로덕트와 디자인 담당 그룹의 임원이 담당하거나 엔지니어링 매니저, 프로덕트 마케팅 매니저가 담당할 수도 있다. 중요한 점은 누가 프로덕트 리더십을 구성하느냐가 아니라 해당 그룹이 어떤 역할을 담당하고 어떤 결과물을 산출하느냐에 있다. 이는 기업 구조나 크기와 상관없이 프로덕트 리더십과 프로덕트 매니지먼트의 경계가 매우 명확하다.

프로덕트 리더십 팀의 구성원이 모두 회사의 보고 라인에 있을 필요는 없으나 프로덕트의 사이클을 결정하는 데 상위에 있어야 한다. 일반적으로 구성원은 VP$^{vice\ president}$, CPO$^{chief\ product\ officer}$, GPM$^{group\ product\ manager}$, CPA$^{chief\ product\ architect}$라는 타이틀을 가진다. 즉 프로덕트 기능을 정의하고 구현 방법을 지휘하는 PM 역할과는 다른 상위 역할을 담당한다. 또한,

시장이나 고객의 니즈를 충족시키면서 경쟁 프로덕트와 확실한 차별화 방법 및 성공적인 프로덕트가 될 수 있도록 항상 고민해야 한다.

1.6.1 프로덕트 방향 결정

프로덕트 리더십 팀의 첫 번째 역할은 프로덕트 방향을 올바르고 투명하게 결정하는 일이다. 모든 구성원이 이해할 수 있도록 해야 한다. [그림 1-9]를 보자.

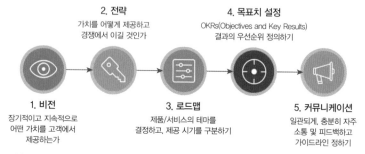

그림 1-9 프로덕트 리더십 팀이 제품/서비스의 방향을 결정하는 과정

프로덕트의 방향을 결정하는 첫 번째 단계는 '비전'을 수립하는 것이다. 해당 제품과 서비스로 고객에게 장기간 지속적으로 어떤 가치를 지속할 것인지 기술한다. 두 번째 단계인 '전략'은 위닝 플랜^{winning plan}을 짜는 과정이다. 즉 프로덕트가 고객이나 사용자에게 어떤 가치를 제공하고 어떻게 경쟁에서 이길 것인지 기술한다. 이때 다음의 세 가지 내용을 포함해야 한다.

- 고객에게 프로덕트 가치를 어떻게 전달할 것인가?

- 경쟁 프로덕트와는 어떤 차별화가 있는가?

- 타깃층은 누구이며 시간이 지나면 어떻게 확장되는가(비즈니스 모델)?

전략이 완성되면 제품과 서비스 테마의 우선순위를 정하고 출시 시기를 정하는 '로드맵'을 만든다. '테마'에 주목해야 한다. 자세한 기능 목록이 아닌 전략을 담은 큰 목표성 테마를 담아야 한다. 그다음 네 번째 단계로 '목표치를 설정'한다. 다양한 방법이 있다. 최근 많이 사용하는 방법으로 OKR$^{objectives\,and\,key\,results}$이, 전통적인 방법으로 KPI$^{key\,performance\,indicator}$가 있다. 이는 6장에서 자세히 다룬다. 마지막 단계에서는 결정 사항을 매우 투명하고 명확하게 그리고 일관성 있게 '전달'한다.

1.6.2 프로덕트 팀 구성

프로덕트 리더십 팀의 두 번째 역할은 프로덕트를 만들어낼 팀을 구성하고 조직하는 일이다.

프로덕트의 방향과 기준점, 측정 방법을 마쳤다면 그에 따른 액션이 필요하다. 가장 먼저 정해진 방향으로 실행해줄 구성원을 갖춰야 한다. 어떤 구성원을 조직해야 할까? 일반적으로 다음과 같은 세 가지 기준이 필요하다.

- 프로덕트/프로그램 매니지먼트

- 디자인 매니지먼트(UX, 리서치 포함)

- 엔지니어링 매니지먼트

프로덕트 리더십 팀은 팀원이 갖춰야 할 소양과 경험을 정의한 후 어떻게 팀을 구성하고 면접을 진행할 것인지, 어떤 문화를 갖출 것인지 충분히 커뮤니케이션한다. 후보자가 추려지고 팀 리더가 정해지면 오프사이트 미팅^{off-site meeting} 등을 통해 앞서 살펴본 1.6.1절에서 정의한 배경과 액션 아이템, 측정 방법을 팀 리더와 충분히 커뮤니케이션한다. 이 과정에서 프로덕트 리더십 팀과 실제 팀 리더, 팀 멤버가 서로 다르게 이해하지 않도록 해야 한다. 각 팀 멤버가 이번 프로덕트 릴리스에 어떤 책임을 갖고 수행해야 하는지 명확하게 한다. 또한, 기업 목표에 따라 개인 능력도 함께 성장할 수 있으며 이는 좋은 평가로 이어진다는 사실을 커뮤니케이션하는 것도 매우 중요하다.

이후 해야 할 일은 올바른 문화를 만드는 일이다. 문화는 '프로세스'라는 형태로 나타난다. 지금은 프로세스를 준비하기 전 왜 그렇게 하는 것이 좀 더 효율적이고 좋은 것인지 알게 하는 우리만의 기업 혹은 프로덕트, 개발 문화를 만든다. 예를 들어 테스트 성패를 가르는 기준을 정하고 적극적으로 피드백을 요청하며 문제점을 오픈하고 함께 해결하는 것에 우선순위를 둔다. 또한, 실제 고객 중심 프로세스와 데이터로 테스트해야 한다는 마인드를 갖는 등 문화를 만든 후 구성원에게 동의를 얻으면 이후 개발 및 운영 팀에서 산출되는 '프로세스'는 매우 자연스럽게 적용되고 최고의 업무 방식을 찾게 된다.

1.6.3 출시 프로세스 만들기

프로덕트 리더십 팀의 세 번째 역할은 프로덕트를 출시하는 프로세스를 만드는 일이다.

여기서 말하는 프로세스는 실제 업무를 수행하는 데 필요한 '운영의 우수성'을 구축하는 프로세스가 아니다. 프로덕트를 위해 많은 팀이 함께 일할 때 어떤 구조를 가질 것인지에 관한 것이다. 가장 쉽게 이해할 수 있는 것은 보고 라인이다. 보고 라인은 상황에 따라서 기능적으로 아니면 시간 순서에 따라 혹은 우선순위에 따라 모두 다를 수 있다. 개발자는 개발 매니저에게, 디자이너는 디자이너 매니저에게, PM은 상위 PM에게 보고하는 것이 매우 일반적인 보고 라인이다. 프로덕트를 만드는 프로젝트가 시작되면 상호 간 업무 내용, 진행 사항, 결과가 유기적으로 공유되고 보고돼야 한다. 장교도 필요하고 참모도 필요하다. 이 같은 전체 흐름을 정의하는 것이 프로덕트 리더십 팀의 역할이고 책임이다.

다음으로 각 팀(개발, 디자인, PM)의 범주를 넘어서는 것을 정해야 한다. 프로덕트의 개발 라이프 사이클이 대표적인 예다. 매우 정밀한 레벨까지는 필요하지 않지만 프로덕트 출시 시기와 단계(예를 들어 리서치 → 디스커버리 → 디자인 → 개발/테스팅 → 릴리스)를 정의하고 각각의 품질 게이트키퍼^{gate keeper}(어떤 툴을 기준으로 어떤 측정치로 통과 여부를 결정하는지)의 기준을 마련해야 한다.

이제 기업 내 다른 조직과의 연결성을 정의한다. 프로덕트 마케팅과는 누가 어떤 관계성을 가지며 고객지원 팀 및 세일즈 팀과는 누가 어떻게 소통할 것인지 정의한다. 프로덕트 그룹(개발, 디자인, PM)은 정해진 시간에 정해진 기능을 갖는 프로덕트를 딜리버리하는 데 최대한 집중할 수 있도록 외부와의 연결성을 명확하게 정의해 커뮤니케이션한다.

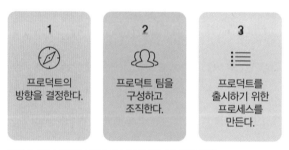

그림 1-10 프로덕트 리더십 그룹의 세 가지 책임 역할

1.7 PM과 PO의 차이

시끄러운 파티 장소에서 많은 사람의 목소리와 소음이 많은 상황에서도 자신이 듣고자 하는 이야기는 선택적으로 잘 들을 수 있다는 '칵테일 파티 효과$^{cocktail\ party\ effect}$'라는 심리적 현상이 있다. 사람들을 만나고 대화를 나누는 도중에 새로운 단어나 표현법을 접했을 때 그것을 다루는 첫 해석은 이미 가진 지식 바탕에 내 관심도를 합친 결과로 순간 입력되는 것이 일반적인 지식 해석의 과정이다. 입력된 상태에서 나중에 전문가 설명, 매체나 책을 통해 정확한 개념을 잡아가지만 첫 입력된 값을 수정하는 것은 매우 큰 노력이 필요하다. 처음 새로운 단어나 표현을 접할 때 정확한 개념을 갖는 것은 생산성 면에서 매우 효율적이다.

PM은 이전부터 매우 널리 사용됐다. 대부분 특정 프로젝트의 기간과 비용을 관리 운영하는 프로젝트 매니저로 통칭했다. 그러다 보니 프로덕트 매니저 혹은 프로그램 매니저라는 직군이 모두 PM으로 소개될 때 많은 혼란과 오해가 나타났다. 프로덕트 매니지먼트를 설명하는 것 역시 쉽지 않다. 이는 프로덕트의 다양성에서 기인한다. 실제로 PM 역할과 책임은 회사마다 다르다. 어떤 회사에서는 PM으로서 한 가지 책임이 있어도 회사 및 산업 규모에 따라 다른 회사에서는 완전히 다른 책임을 맡을 수도 있다.

앞서 PM으로 통칭되는 프로덕트 및 프로젝트, 프로그램 매니저 역할을 구분해봤다. 그런데 최근 '프로덕트 오너(PO)'라는 비슷하지만 다른 직군명이 등장했다. PM 역할을 이해하는 데 더 혼란스러울 것이다. 지금부터 PM과 PO가 어떻게 그리고 왜 다른지 설명하고자 한다.

1.7.1 소프트웨어 프로덕트 구체화 과정

소프트웨어 프로덕트는 일반적으로 4단계를 거치면서 구체화된다. 1단계 미션과 2단계 비전은 프로덕트를 처음 만드는가 혹은 프로덕트를 개선하는가에 따라서 비전이 먼저 올 수도 있다.

- **1단계: 미션(mission)**

  '왜'에 관한 것을 답한다. 해당 프로덕트가 존재해야 하는 목적을 설명한다. 그러다 보니 프로덕트 그룹의 리더십 팀이나 그룹장이 결정하고 하위 팀으로 커뮤니케이션하게 된다.

- **2단계: 비전(vision)**

  프로덕트를 사용할 때 고객이 어떤 혜택을 볼지 기술한다. 해당 내용이 구체화돼야 프로덕트 로드맵을 작성할 수 있다. PM 역할이다.

- **3단계: 전략(strategy)**

  PM이 가장 중점적으로 해야 하는 과정이다. 시장을 분석하고 테마 기능별 우선순위를 정한다. 프로덕트 성공에 관한 실제적이고 구체적인 지표를 설정하는 과정이다.

- **4단계: 전술(tactics)**

  실제 프로덕트를 만드는 과정이다. 프로덕트를 완성하기 위한 백로그 아이템을 만들고 기능별 릴리스 플래닝을 세우고 진행한다. PO라는 직군이 조직 내 존재한다면 전술 과정을 담당한다.

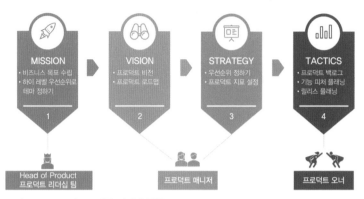

그림 1-11 프로덕트 구체화 과정과 역할

프로덕트 구체화 과정을 다른 각도에서 보면 [그림 1-12]와 같다.

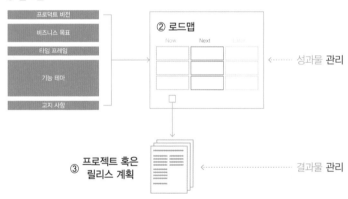

그림 1-12 컴포넌트, 로드맵, 릴리스 계획

각 단계를 하나씩 살펴보자.

① 비즈니스의 목표와 프로덕트 비전이 나오고 프로덕트가 갖추어야 할 기능 테마(예: 소셜미디어 연계, UX 개선, 서버 성능 개선, 국제화(I18N) 대응 등)가 결정 나는 데 필요한 과정을 '컴포넌트'로 규정한다.

② 컴포넌트를 모두 모아서 최종 결과를 만들어내는 것은 실제 프로덕트를 어떤 방향으로 내보낼 것인가라는 청사진, 즉 '프로덕트 로드맵'이 된다.

③ 로드맵에서 규정된 한 시기의 묶음을 잡아 프로젝트나 릴리스 이름을 붙여(예: 2022년 6월 릴리스를 버전 2.0으로 명명) 진행한다. 모든 상황을 다 조사해서 할 수 있는 것과 필요한 것을 구분해 펼쳐놓으면 함께할 수 있는 것을 묶을 수 있다. 이를 '프로젝트'나 '릴리스'라고 이름 붙인다. 제품과 서비스를 출시하는 과정이다.

방대하고 다양한 축에서 오는 수많은 정보를 모아 테마별, 시기별로 분류한 후 분류 중 한 묶음만 별도로 빼내는 느낌이다. 이제 PM과 PO를 반 정도 이해한 것이다. 계속 살펴보자.

1.7.2 프로덕트 그룹 조직

앞서 소프트웨어 전문 기업 조직이 어떻게 운영되는지 이해하는 것은 프로덕트가 어떻게 만들어지는지를 가장 빨리 이해할 수 있는 방법이라고 했다. 1.5절에서 소개한 그림으로 설명한다.

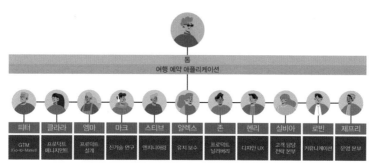

그림 1-13 소프트웨어 기업의 엔지니어링 부서 조직 구조 예

톰이 그룹장인 여행 예약 애플리케이션을 만드는 엔지니어링 그룹이다. 개발 팀, 딜리버리 팀, 디자인 팀 외에도 프로덕트 매니지먼트 팀, GTM 팀 등이 같은 레벨에서 업무한다. 어디에도 프로덕트 오너 팀이란 조직은 보이지 않는다. 프로덕트 구체화 과정을 다시 한번 되짚어보자.

프로덕트 미션은 그룹장인 톰을 중심으로 기능별 팀장으로 구성된 리더십 팀을 통해 하이 레벨의 비즈니스 목표와 매우 러프한 수준의 우선순위가 만들어진다.

리더십 팀을 통해 만들어진 결과물은 프로덕트 매니지먼트 팀에 다음 구체화 단계로 진행하라고 요청한다. 프로덕트 매니지먼트 팀은 어떻게 정보를 모으고 최종 결과물 로드맵을 만들어내야 하는 걸까?

프로덕트 매니저들의 역량이 총동원되는 시점이다. 그때부터 시장을 조사하고, (기존/잠재) 고객을 접촉하고, 경쟁자 제품을 조사하며 애널리스트와 회의를 진행한다. 또한, 가장 중요한 개발 및 디자인, 데브옵스 DevOps, QA 매니저와 머리를 맞댄다. 이 상황을 '프로덕트 디스커버리prod-uct discovery'라고 한다. 만들고자 하는 제품을 알아가는 과정이다. 사용자, 시장, 경쟁자에 대해 많이 파악할 수 있으며, 디스커버리 과정을 충실하게 해야 궁극적으로 제품 내 무엇을 딜리버리할 수 있는지 알 수 있고, 해당 결과물은 프로덕트 전략으로 나온다. [그림 1-14]와 같이 전략은 구체화돼 우선순위, 타임라인, 성공 지표 등 모든 사항이 촘촘하게 정리된 위닝 플랜이다.

드디어 프로덕트 딜리버리를 책임지는 PO가 등장하는 시점이다. 큰 조직과 작은 조직 간 실행 방법이 조금 다를 수 있다. 작은 조직이라면 2, 3단계를 담당했던 PM이 직접 백로그를 만든다. 기능과 릴리스 플래닝을 작성해 각 개발, 디자인, QA리더와 함께 작업하는 실제 스크럼 프로세스가 진행된다. 조금 큰 팀과 프로덕트라면 기능 분류나 백로그를 만드는 일이 훨씬 더 구체화되고 상세화돼야 한다. 전문 지식을 갖춘 프로덕트 전문가도 필요하다. 프로덕트 디스커버리 단계를 지나 엔지니어링 그룹에서 프로덕트 딜리버리를 위해 개발 및 디자인, 데브옵스 등 기능별로 실행하는 것을 진두지휘하는 역할을 PO라고 한다.

그렇다면 [그림 1-13]의 엔지니어링 팀 소식노에서 PO가 별도 조직이 아닌 이유는 무엇일까? PO는 주로 기능 조직에 속하기 때문이다. 대부분 PO는 개발 팀이나 디자인 팀에 속한다. 본인이 맡은 기능이나 프로덕트 릴리스를 책임지게 된다. 같은 이유로 프로젝트 매니저나 스크럼 마스터 역시 별도 조직이 아닌 개발 조직 내 속한다. 특정 프로덕트의 특정 버전, 릴리스의 타임라인을 관리하는 역할을 수행한다.

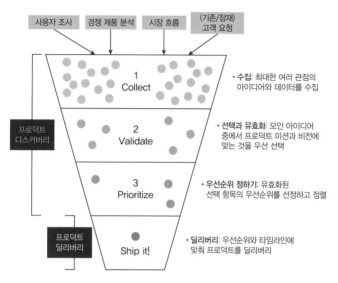

사용자 조사　경쟁 제품 분석　시장 흐름　(기존/잠재) 고객 요청

프로덕트 디스커버리

1 Collect

• 수집: 최대한 여러 관점의 아이디어와 데이터를 수집

2 Validate

• 선택과 유효화: 모인 아이디어 중에서 프로덕트 미션과 비전에 맞는 것을 우선 선택

3 Prioritize

• 우선순위 정하기: 유효화된 선택 항목의 우선순위를 선정하고 정렬

프로덕트 딜리버리

Ship it!

• 딜리버리: 우선순위와 타임라인에 맞춰 프로덕트를 딜리버리

그림 1-14 프로덕트 디스커버리와 프로덕트 딜리버리

PM과 PO의 차이를 설명하고자 먼저 소프트웨어 프로덕트가 어떻게 만들어지는지, 소프트웨어 프로덕트를 구현해내는 엔지니어링 조직도 설명했다. PM과 PO의 정확한 구분은 기업마다, 그것을 사용하는 조직마다 조금씩 다를 수 있다. 즉 PM과 PO는 해당 조직에서 그 역할을 가장 잘 표현하고자 선택적 사용을 하는 것일 뿐이다. 정형화된 개념을 주입하는 것은 더욱 혼란만 가중될 뿐이다.

지금까지 설명한 PM과 PO의 일반적인 역할 차이를 정리해보겠다.

PM은 전체적인 프로젝트 '디스커버리'를 책임지는 역할을 수행한다. 올바른 문제에 집중하고 가장 가치 있는 아이디어를 구현하는 데 집중한다. 아이디어의 우선순위를 정하고 제품 비전과 전략을 지침으로 사용하며 어떤 아이디어가 시장과 사용자에게 가장 빨리 도달할 수 있는지 '발견'하는 데 초점을 맞춘다. 데이터 분석, 사용자 연구, 실험 등 같은 방법을 사용해 어떤 아이디어가 프로덕트에 귀중한 시간을 할애할 가치가 있는지 알아내는 일을 한다. PM은 제품 기능의 더 넓은 측면(제품의 탄생, 유지 보수, EoS$^{end of service}$(서비스 종료), 고객에게 지속 가능한 가치 전달)에 대한 책임이 있다. 미래 가치 발견과 딜리버리 사이의 균형을 유지한다. 전체적인 로드맵, 프로덕트 전략, 프로덕트 플래닝, 우선순위라는 말을 자주 접한다.

PO는 프로덕트나 특정 기능의 '딜리버리'를 책임진다. 아이디어의 가치가 고객에게 최대한 빨리 전달되도록 하는 역할을 수행하며 논의되고 결정된 결과에 대한 구현에 책임이 있다. 아이디어를 구현할 수 있는 에픽 및 사용자 스토리를 만들고 개발 과정을 각 팀과 함께 진행한다. PM이 따로 존재하는 조직이라면 PM이나 다른 비즈니스 라인 오너와 긴밀하게 협업한다. 프로덕트 백로그, 스크럼, 사용자 스토리라는 말을 자주 접한다.

CHAPTER 2

프로덕트 라이프 사이클, 프로세스와 프레임워크

2.1 프로덕트 라이프 사이클 4단계

인생에도 세상에 태어나 떠나는 시간까지 생로병사의 사이클이 있듯이 프로덕트에도 사이클이 존재한다. 프로덕트 개발에 뛰어들기 전 프로덕트와 회사가 거치는 시장 단계를 이해하는 것이 중요하다. 이를 'PLC product life cycle 프레임워크' 혹은 '프로덕트 수명 주기'라고 한다. 기업을 시작하거나 새로운 프로덕트가 개발되면 4단계를 거치게 된다. 여기에서는 프로덕트에 집중해 설명한다.

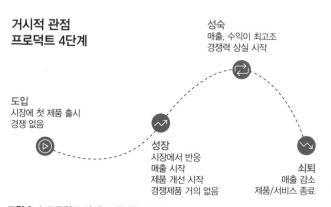

그림 2-1 프로덕트 라이프 사이클 4단계

4단계는 도입introduction, 성장growth, 성숙maturity, 그리고 쇠퇴decline 단계로 나눌 수 있다. 프로덕트는 개발 4단계를 통해 진행된다. 현재 어느 단계에 있는지 알 수 있는 방법은 시간이 지남에 따라 얼마나 많은 수익이 나오는지에 따라 알 수 있다. 또한, 수익이 얼마나 빠르게 성장하며 월간 반복 수익^{monthly recurring revenue}(MRR)이 얼마인지 같은 다른 지표로 확인하는 방법도 있다.

4단계를 하나씩 살펴보자.

1단계는 도입 단계다. 기업이 처음으로 프로덕트를 시장에 출시하는 시점이다. 도입 시점에는 일반적으로 시장에서 프로덕트는 경쟁이 거의 또는 전혀 없다. 도입 단계에서 제품을 즉시 구매하는 사람은 얼리 어답터뿐이다.

2단계는 성장 단계다. 시장에서 프로덕트 반응이 생기고 판매가 증가하기 시작한다. 일반적으로 얼리 어답터 사용자의 꼬리 끝부터 사용자가 생겨난다. 제품을 생산하는 기업 조직은 경쟁력을 유지하고자 제품 내용이나 기능의 개선을 시도하며 이 시점까지는 시장에서 경쟁하려는 도전자가 거의 없다.

3단계는 성숙 단계다. 판매는 정점에 도달한다. 경쟁자가 나타나기 시작하며 대체로 솔루션을 갖고 시장에 진입한다. 시장의 파이가 커지고 매력적이기 때문이다.

마지막 4단계는 쇠퇴 단계다. 프로덕트의 판매가 감소하기 시작하는 포화 지점에 도달한다. 대부분 프로덕트는 판매 감소와 모든 경쟁 압력 때문에 시장에서 단계적으로 퇴출된다. 시장은 기존 기능이나 내용물을 보고 더 이상 새롭지 않고 훌륭하지 않다는 반응을 보이기 시작한다. 프로덕트가 새로운 기능이나 내용으로 채워 완전히 탈바꿈해야 한다는 것을 빠르게 깨달아야 한다.

프로덕트 개발 라이프 사이클 7단계

이제 프로덕트 개발 프로세스 자체를 이야기해보겠다. 개발하고자 하는 모든 프로덕트에는 일련의 단계가 있다. 이를 '프로덕트 개발 프로세스 수명 주기product development process life cycle'라고 한다. 프로덕트가 개발될 때 거치는 프로세스를 설명하기 위한 개념이다. 일곱 가지 주요 단계가 있다. 연구research, 계획plan, 개발develop, 검증validate, 출시launch, 출시 후 극대화post launch, maximize, 마지막으로 유지 관리 혹은 종료maintain or kill하는 단계다.

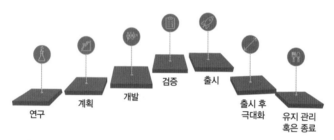

그림 2-2 프로덕트 개발 라이프 사이클 7단계

1단계는 연구 단계다. 사용자 문제를 수집한다. 아이디어나 생각하고 있는 솔루션을 브레인스토밍하면서 어떤 프로덕트를 만들어야 하는지 알아내고자 노력하는 단계다. 만들고자 하는 것이 무엇인지 명확하게 하는 시점이기도 하다. 아이디어의 가장 큰 출처는 기업 내 직원이나 내 주위에 있는 동료다.

2단계는 계획을 세우는 단계다. 시장조사를 한다. 1단계에서 논의된 아이디어로 시장에서 통할 것인지 조사한다. 동일하거나 유사한 비즈니스 사례를 살펴보기도 한다. 해당 프로덕트로 수익을 만들 수 있을지 확인하는 과정이다. 고객 인터뷰를 하고 사람들이 생각하는 문제와 아이디어를 확인한다. 또한, 만들 수 있다고 생각하는 프로덕트가 얼마나 시간이 걸릴지, 프로덕트의 특정 기능은 어느 시점에 가져야 하는지 등 전체적인 로드맵을 작성한다.

3단계는 개발 단계다. 이제 손이 바빠지기 시작하다. 타임라인을 만들고 프로덕트에 포함될 기능을 작성한다. 사용자 스토리와 각 동작 사양을 구체화한다. 특정한 기능을 개발하는 데 얼마나 오래 걸릴지에 대한 구체적인 세부 사항, 이를 추정하고 개발 팀을 포함한 여러 이해관계자와 활발한 커뮤니케이션을 한다. 개발을 시작하기 전까지 모든 프로덕트 요구 사항을 설정해야 한다. 개발이 완료된 프로덕트나 최소 기능 제품^{minimum viable product}(MVP) 사양은 검증 테스트를 받을 때까지 변경하면 안 된다.

4단계는 검증 단계다. 검증 대상은 개발이 완료된 프로덕트나 새로운 프로덕트의 MVP다. 사용자에게 초기 피드백을 받는다. 프로덕트의 원래 아이디어로 만든 가정을 테스트한다. 사용자에게 가능한 빨리 테스트받고 싶어 모든 작업이나 기능이 완료될 때까지 기다리지 않는다. 이때 알파와 베타 같은 이름으로 한계를 두고 테스트에 집중한다. 출시하기 전에 올바른 방향으로 가고 있는지 확인하는 방법이다.

5단계는 드디어 프로덕트 출시 단계다. 마케팅 팀, 법무 팀, 홍보 팀, 영업 팀 같은 이해관계자와 함께 해당 프로덕트를 올바로 포지셔닝하고자 업무를 동기화한다. 모든 부서와 이해관계자가 현재 프로덕트 상태에 동의하면 공식적으로 출시한다. 이제 사용자가 어떤 반응을 보이는지 살펴봐야 한다.

6단계는 출시 후 극대화 단계다. 상황을 유지하면서 시장 반응에 따라 제품 프로모션을 지속적으로 행하며 가치를 극대화한다. 사용자가 프로덕트를 사용하는 방법에 대한 지표를 수집하고 지표를 분석한 후 프로덕트를 최적화한다. 최대 수익을 비롯해 지속 가능한 가치를 얻고자 노력하는 것이다. 이 가치를 평가해 프로덕트의 후속 작업을 계속 진행할 가능성이 얼마나 되는지 확인한다.

프로덕트 개발 프로세스의 일곱 번째이자 마지막 단계는 유지 또는 종료 단계다. 이미 수집한 모든 데이터를 활용해 결정한다. 결정에는 다음과 같은 질문이 도움이 된다.

- 얼마나 자주 소비자들이 우리 제품이나 서비스를 구매하는가?
- 우리는 시장의 리더 위치에 머물고 있는가?
- 현재 해당 프로덕트 상태로 경쟁력이 있는가?

더 중요한 것은 현재 상태를 유지하는 데 얼마나 많은 비용을 지출하는지 살펴볼 필요가 있다.

- 투자수익률은 얼마나 되는가?

데이터 결과가 좋지 않으면 현재의 프로덕트를 종료시키기로 결정하고 새로운 결정을 한다. 매우 중요한 사실 한 가지가 있다. 종료 프로세스가 해당 프로덕트의 수익과 관련이 없을 수도 있다는 점이다. 더 이상 기업 비전에 맞지 않을 수 있다. 경영진과 회사를 이끄는 리더십 팀은 시장 상황에 따라 다른 방향으로 가야 한다고 결정할 수도 있다. 이런 경우라면 해당 프로덕트에 대한 손실을 줄여야 한다. 프로덕트를 유지하지 않기로 결정하면 선셋 작업을 수행한다. '소프트 랜딩soft landing'이라는 말을 들어본 적이 있을 것이다. 프로덕트의 수명이 다하기까지 사용자 업무에 영향을 최소화한다는 느린 전환을 설명하는 용어다. 기존 제품이나 서비스 사용자에게 메시지를 보내 현재 제품 관련으로 어떤 일이 일어나는지 설명하고 사용자를 위한 프로덕트의 라이프 사이클 종료 계획을 설명한다. 예를 들어 데이터를 저장하는 프로덕트가 있다면 라이프 사이클을 최종 종료하기 전에 데이터 백업을 허용할 수 있도록 한다.

지금까지 프로덕트 개발의 일곱 가지 주요 단계를 살펴봤다. PM으로서 모든 유형의 프로덕트가 7단계를 거치며 각 단계마다 고려해야 할 사항이 있다는 것을 이해하는 것이 매우 중요하다.

2.3 프로세스와 프레임워크

영화 〈인셉션〉, 〈인터스텔라〉, 〈테넷〉을 만든 크리스토퍼 놀란은 현 시대 상업 영화의 최고 감독 중 한 명이다. 〈다크 나이트〉의 짜릿했던 감동을 넘어 〈인셉션〉과 〈인터스텔라〉에서 보여준 시간을 다루는 물리학과 인문학의 융합은 지적 만족을 극대화시켜줬다.

크리스토퍼 놀란 감독의 영화는 해석에 여러 견해가 있을 정도로 의미 파악이 어렵다. 2020년 개봉한 또 하나의 시간을 다루는 영화 〈테넷〉 또한 논란이 될 만큼 내용을 이해하기가 쉽지 않았다. 영화관에서 한 번 보는 것만으로는 모든 플롯의 얼개를 알기 어렵다. 이때 뇌는 직관적으로 이해가 안 되니 영화에 몰입하지 못하고 등장 인물에 감정이입하지 못한다. 선과 악을 구분하거나 무엇을 응원해야 하는지 이해해야 영화가 어떻게 진행될지 그려지는데 이것이 어려운 것이다. 이 경우 할 수 있는 일은 영화관을 나와 집에서 허탈한 마음을 안고 영화 분석 글을 찾아 읽고 뒤늦게 장면 장면을 떠올리며 동기화시키는 과정뿐이다.

〈테넷〉은 노벨 물리학상 수상자인 킵 손Kip Stephen Thorne의 감수를 받았다.[1] 이 정도 되면 누구도 당대 최고의 감독과 킵 손 교수의 권위에 도전하며 영화를 물고 뜯으려 하지 않는다. 마치 '노벨 물리학상 수상자가 모두 다

---

1   'How real is the science in Christopher Nolan's 'Tenet'? We asked an expert', Los Angeles Times

괜찮다고 했으니 이해되지 않아도 그냥 보세요. 이해가 안 되는 이유는 당신의 지식이 모자란 것이지 영화가 잘못된 것이 아닙니다' 같은 분위기가 생긴다. 권위 있는 사람들이 만들고 감수했으니 틀린 부분은 있을 수 없는 좋은 영화라는 확신을 얻은 후 다른 사람의 영화 해석을 보면서 이해를 따라간다. 실제로는 정말 무엇이 좋았는지 본인만의 경험은 하지 못하게 된다. 즉 직관적 재미, 즐거운 마음으로 영화를 보기보다는 무언가를 찾아내고 꼭 이해하겠다는 의무감이 동반된다. 즐겨야 할 엔터테인먼트 요소는 없어진다.

갑자기 〈테넷〉 이야기는 왜 했을까? 대부분 관객이 크리스토퍼 놀란 감독의 영화에 저항할 수 없는 이유에는 감독과 킵 손이 지금까지 이룩한 범접하기 어려운 권위가 큰 역할을 하기 때문이라는 것을 알리기 위해서다. 린 스타트업^{lean startup}, 애자일 개발 방법론, 스크럼, 디자인 씽킹^{design thinking} 등 모두 실리콘 밸리라는 어마어마하게 큰 권위를 갖고 있다. 스탠퍼드 대학교 디스쿨^{d.school} 명성도 함께한다. 누구도 이 방법론에 쉽게 토를 달 수 없고 그럴 이유도 없다. '실리콘 밸리의 유명 기업이 빠짐없이 모두 사용하는 첨단 방법론인데 당연히 우리도 사용해야지'가 방법론을 선택하는 일반적인 이유다. 이는 어떤 조건이 필요하고 어떤 준비 과정이 있어야 하며 어떤 리소스가 준비되고 연습돼야만 실제로 그 가치가 발휘된다는 사전 과정이 매우 짧게 아니면 전혀 없이 쉽게 진입한다는 의미다. 실제 사용자가 아닌 톱 매니지먼트^{top management} 결정으로 도입이 결정되는 경우도 많다. 해당 프로세스만 사용하면 최고의 프로덕트를 만들어 줄 것 같은 '마술 지팡이'로 믿기 때문이다.

방법론의 권위가 우리의 통찰력을 방해하지 않도록 해야 한다. 이보다 더 중요한 것은 훌륭한 방법론이 가진 권위가 여러분 프로덕트의 성공을 보장하지 않는다는 점을 알아야 한다. 어설프게 사용하는 것은 오히려 팀원에게 도구가 아닌 독이 되어 혼란과 상처로 남게 할 수도 있다. 효율적으로 도구를 사용하려면 해당 도구가 내 몸에 익혀지는 시간이 필요하다. 내 상황에 맞도록 도구 자체를 변경하고 수정해야 하는 경우도 빈번히 생긴다. 해당 도구 프로세스의 주인이 되는 연습이 필요하다. 권위를 존중하되 권위가 제품과 고객에 대한 방향을 결정하게 해서는 안 된다. 조직에 도입되는 방법론과 프로세스는 도입 전 올바르게 이해하고 조직이 처한 상황에 맞게 사용하지 않으면 조직의 베스트 프랙티스^{best practice}를 기대하기 어렵게 된다.

코로나19라는 대유행 전염병 기간을 거치면서 평소보다 훨씬 더 많은 기업과 조직이 디지털 전환과 혁신 계획을 발표하고 실행하고 있다. 다양한 방법론이 세상에 소개되고 있다. 하루 여덟 시간 동안 디자인 씽킹 교육 워크숍을 다녀온 관리자들은 현재 엔지니어링 그룹이 가진 문제 및 이슈, 계획을 디자인 씽킹을 통해 모두 해결하려고 시도한다. 이미 계획된 제품과 서비스 출시 계획이 모두 꼬이게 되고 새로운 혼란에 빠진다. 방법론은 충분히 학습하고 현재 상황을 구별한 후에 소규모로 적용하고 차차 크게 발전시키는 반복적인 과정이 반드시 필요하다.

2.3.1 마법 같은 표준 프로세스는 없다

대부분 소프트웨어 기업의 엔지니어링 그룹이 제품과 서비스를 출시할 때 필요한 기본적인 조직 구성은 매우 비슷하다. 크게 세 가지로 나뉜다.

- 고객의 요구 사항과 원하는 제품/서비스에 맞는 시장을 파악한 후 원하는 시점에 원하는 기능을 포함한 상태의 제품/서비스 릴리스를 담당하는 프로덕트 매니지먼트 그룹
- 실제 제품의 기능을 구현하는 개발 그룹
- 고객의 경험 가치를 최대한 제품/서비스에 반영하는 디자인 그룹

프로덕트 매니지먼트 그룹은 필요 없는 것(시간, 리소스, 비용 등)을 줄이는 데 집중한다. 개발 그룹은 개발 속도를 올리는 데 모든 역량을 집중하며 디자인 그룹은 프로덕트의 시작 프로세스로 매우 긴 시간이 필요한 사용자 조사에 집중한다. 프로덕트 매니지먼트 그룹은 린 스타트업 프로세스를, 개발 그룹은 애자일 방법론을, 디자이너 그룹은 디자인 씽킹이라는 방법론을 사용해 역량을 최대한 발휘한다.

그림 2-3 디자인 씽킹, 린 스타트업, 애자일 프로세스 협업 구조

훌륭한 프로세스와 방법론이라고 모든 기업의 구조에 딱 맞을 수는 없다. 방법론과 프로세스의 권위에 기죽을 필요는 없지만 기본 철학과 원칙을 지키지 않는 것은 더욱 곤란하다. 원칙을 지켜 방법론의 교과서적인 해석을 이해하고 소규모로 도입해 적용하고 학습하며 바꿔가면서 최적화 경험을 찾아야 한다. 방법론 그 자체가 제품과 서비스를 성공으로 이끌어주지 않는다는 사실을 꼭 기억하자.

2.3.2 디자인 씽킹

디자인 씽킹은 제품의 UX, UI 및 가이드라인을 책임지는 디자이너나 PM이 사용자의 현재 문제나 애로 사항을 파악하고 솔루션을 디자인하는 과정에서 사용하는 창의적인 전략이다. 이 관점에서 봤을 때 회의 테이블에 앉아 아이디어를 내놓으라고 강요당하는 '브레인스토밍'은 고객의 애로 사항을 파악하는 데 최악의 방법이다. 좋은 아이디어는 산책할 때나 운동할 때, 샤워할 때 떠오르는 것이다. 동료와 상사로 둘러싸여 압박받는 분위기 속에서 정해진 시간 내 '혁신적이고 획기적인' 아이디어가 나오기란 쉽지 않다.

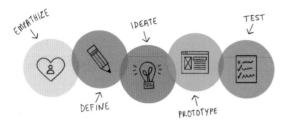

그림 2-4 디자인 씽킹 프로세스[2]

디자인 씽킹은 기업이나 조직이 사용자 상황을 공감할 수 있도록 해 사용자가 가치 있게 생각하는 제품을 만들 수 있도록 도와준다. 사용자의 '핵심 요구 사항'에 초점을 맞추고 프로덕트 관계자가 다양한 혁신적인 아이디어가 나올 수 있도록 장려한다. 해당 제품이 기술적으로 혁신적이고 비즈니스로도 성공할 수 있는 솔루션을 제안하도록 한다.

대부분 기업의 최상위 매니지먼트 그룹은 사용자 중심의 문화에 대한 이해도가 깊지 않다. 디자인 씽킹 결과를 무시하고 기존의 관행대로 결정하기도 한다. 디자인 씽킹 프로세스에 익숙하지 않은 상위 매니지먼트의 또 한 가지 실수는 명확하고 빠르게 실행 가능한 아이디어가 디자인 씽킹을 하는 초기에 나오지 않는 경우 시간 낭비라고 판단한다. 해당 프로젝트 기간 동안 꾸준히 지속하고 반복해야 할 디자인 씽킹 프로세스를 중단한다. 이 같은 일이 발생하면 모든 이해관계자가 사용자의 핵심 요구 사항을 반드시 이해하고 공감해 사용자 관점을 최대한 반영하는 것이 목표인 디자인 씽킹이 전체 조직에 영향력을 미치지 못하게 된다. 디자인 팀

---

2   'LE DESIGN THINKING?', Pictime Groupe

만의 로컬 프로세스로 머물게 되고 제품에 어떤 영향력도 주지 못한다. 결국 그룹 간 협조도 없고 동의도 없는 이상한 종류의 작업으로 마무리된 다. 제품 포지셔닝에도 사일로를 만들어 기업의 기술 부채technical debt로 남 게 된다.

2.3.3 린 스타트업

린 스타트업은 짧은 시간 동안 제품을 만들고 성과를 측정한 후 다음 제 품 개선에 반영하는 것을 반복해 성공 확률을 높이는 경영 방법론의 일종 이다. 소프트웨어의 엔지니어링 그룹으로 오면 훨씬 더 복잡해진다. 주 로 프로덕트 매니지먼트 그룹에서 이 프로세스를 운영한다. 즉 고객이나 기업 내부의 결정으로 제안된 솔루션을 제품 모델로 전환하는 데 사용되 며, 실제 고객에게 신속하게 테스트해 허세 지표vanity metric를 분리하고 학 습하며 제품 시장 적합성을 높이고자 반복하는 과정을 말한다.

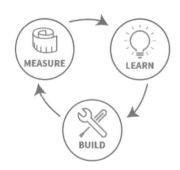

그림 2-5 린 스타트업 프로세스

린 스타트업 방법론은 실리콘 밸리에서 새롭게 다시 태어났다. 토요타의 린 생산 시스템과 미국 국방부의 OODA[object orient decide act] 철학에 뿌리를 둔다. 토요타의 프로세스는 효율적으로 물건을 만드는 방법을 가르쳐주지만 처음에 무엇을 어디에 타깃을 두고 만들어야 하는지 가르쳐주지는 않는다. 이는 2.3.4절 칸반에서 설명한다.

린 스타트업에서는 이 부분을 더욱 강화해 시행하는 모든 프로젝트를 잠재적인 가치를 가진 비즈니스 모델로 실험한다. 린 스타트업 프로세스와 애자일 방법론의 공통점이 있다면 짧은 사이클로 계획을 세우고 실험을 하는 과정을 강조한다는 점이다. 린 스타트업에서 현재 진행 방법으로 지속하느냐, 피벗[pivot]이라는 방향 전환을 하느냐 결정하는 가장 중요한 지표는 '사용자 행동'이다. 좋은 PM이라면 고객이 특정 제품이나 기능을 원할 때 어떻게 행동하는지 파악해야 한다. 해당 제품이나 서비스가 프로덕트를 지속할 수 있도록 고객의 관심을 받고 주머니를 열 수 있을지 정확히 알아야 한다.

'고객 행동 경험'을 빠르게 순환시켜야 고객이 반응하는 제품을 지속적으로 릴리스할 수 있다. 그러나 많은 기업은 PM에게 성공 경험만을 요구한다. 경험의 가치는 실패했을 때와 불확실한 상황이었을 때가 훨씬 가치 있다. 실패했을 때의 경험을 다시 사용해보거나 불확실성이 높을 때를 대비해 준비된 프로세스를 '실험 사용'할 수 있는 기회를 제공하지 않는다. 이런 경우 PM은 위험도를 낮추고자 프로덕트의 초기 버전[proof of concept](PoC)을 만들 때만 린 스타트업 프로세스를 사용한다. 본 제품이나 서비스를 만들 때는 원래 계획과 프로세스로 돌아가는 경우가 많다. 특히 스타트업이라면 린 스타트업 프로세스는 1차 투자 시기만을 고려한 MVP 개념에만 집중하게 된다. 이후 생각하는 치열한 개발 계획 등은 발견하기 어렵다. 즉 린 스타트업은 불필요한 작업 및 노력을 제거하는 것이 중점인 프로덕트 개발 철학이다.

드롭박스의 MVP를 보면 이 같은 시도가 얼마나 유용한지 알 수 있다. 드롭박스 창업자인 드루 휴스턴Drew Houston은 MIT 학생 시절에 과제를 저장한 USB를 가지고 다니는 것을 계속 잊어버린 일을 계기로 드롭박스 개념을 고안했다. 한 인터뷰에서 '고객은 자신이 원하는 것이 무엇인지 모르는 경우가 많으며, 아이디어를 설명하는 것은 쉽지만 실제로 그것이 시장에서 고객에게 동작할지 확인하기는 정말 어렵다'고 느꼈다고 한다. 그러나 당시 그가 가진 문제는 동작하는 소프트웨어를 프로토타입 형태로 시연하는 것이 불가능하다는 것이었다. 그 정도의 제품이 되려면 여러 가지 기술적 장애를 극복해야 하고, 높은 안정성과 가용성이 요구되는 온라인 서비스를 구성해야 했다. 수년간의 개발 끝에 아무도 원하지 않는 제품을 내놓는 위험을 피하기 위해 그는 사용자의 제품 사용 여부를 확인하고자 제품 기능을 설명하고 보여주는 영상을 만들었다.[3] 영상을 공개했을 때 드롭박스 기능이 동작하는 소스코드와 프로덕트는 이 세상

---

3   'DropBox Demo', YouTube(theragax)

에 존재하지 않았던 순수한 의미의 베이퍼웨어vaporware[4]였다. 그가 직접 내레이션을 하는 3분짜리 데모 영상은 얼리 어답터 커뮤니티를 대상으로 간단하게 동작 방식을 보여준다. 일반인이 보기에는 이 영상이 평범한 제품 데모처럼 보였을 수 있지만, 주의를 기울이면 그가 이동하는 파일과 동작 설명에 얼리 어답터 커뮤니티가 좋아하는 농담과 유머러스한 언급이 가득하다는 것을 알 수 있다.

기능 설명 영상이 입소문 나면서 수십만 명의 사람들이 웹사이트를 방문했고, 베타 대기자 명단은 5천 명에서 하룻밤 사이에 7만 5천 명으로 늘어났다. 이 간단한 영상 MVP를 통해 약 3천억 원의 투자금이 모였다.

그림 2-6 드롭박스 MVP 영상 화면

---

4   아직 실용화되지 않았거나 실제로 존재하지 않지만 논의되고 광고도 하는 소프트웨어 또는 하드웨어 형태를 말한다. 사용자에게 지금은 할 수 없는 일이 미래에는 가능하다는 환상을 심어주고 당장 구입할 수 있는 경쟁 업체의 제품을 사지 못하도록 막는 효과가 있다.

드롭박스 창업 팀은 제품/서비스를 만들기 전에 프로덕트의 핵심 가치를 충분히 배울 수 있었다고 회고했다.[5] 드롭박스는 클라우드 스토리지 아이디어만으로 동영상을 만들어 사용자에게 어필할 수 있을지 테스트한 후 프로덕트 개발에 돌입한 것이다.

린 스타트업은 실제로 사용해야 한다는 것을 알기 전까지 리소스를 사용하지 않는다. 개발에 필요한 많은 시간, 비용, 리소스를 절약할 수 있다. 다만 린 스타트업 소프트웨어를 위한 것은 아니다. 이를 소프트웨어 전용으로 방법화한 것이 애자일 개발 프로세스다.

2.3.4 애자일 개발 프로세스

린 스타트업이 필요한 때까지 돈과 리소스를 낭비하지 않고 프로덕트나 비즈니스를 구축하는 방법이라고 설명했다. 애자일은 무엇일까? 린 스타트업과 같은 것일까?

애자일은 소프트웨어 개발에 린 스타트업 사고방식을 적용하는 방법이다. 소프트웨어 개발을 위한 일종의 프로젝트 관리 프레임워크다. 애자일은 소프트웨어를 개발하는 반복적인 방법으로 리소스를 낭비하지 않고자 작은 배치로 그룹화하고 수행한다. 요청 사항은 백로그라고 한다.

5   'How DropBox Started As A Minimal Viable Product', TechCrunch

그림 2-7 애자일 개발 프로세스

잠재 고객에게 애플리케이션이 필요하다는 가정을 해보자. 애플리케이션을 만들고 출시할 만한 능력이 있다. 애플리케이션이 가져야 할 열 가지 기능을 정리한다. 이 소식을 들은 사용자는 당신의 애플리케이션에 열 가지 기능들이 절대적으로 필요하다고 생각한다.

애자일 방식으로 이 작업을 수행하면 접근법이 약간 다르다. 가장 중요하다고 생각되는 두세 개 기능만 연구하고 개발한다. 우선순위를 정해 기능을 선택하고 '가장 중요한 기능'이라는 것을 이해관계자에게 설명한다. 설계하고 개발한 후 출시한다. 마지막으로 사용자 피드백을 확인한다. 애자일은 팀 구성원 간 협업을 통해 간결하고 반복적인 방식으로 소프트웨어를 개발하는 개발 방법론이다. 이제 애자일 개발 프로세스에서 매우 구체적인 프레임워크를 이야기해보겠다.

1 스크럼

스크럼은 애자일 프로세스를 실제 개발에 적용한 프레임워크 중 많은 소프트웨어 기업이 사용하는 일반적인 방법이다. 4단계로 진행된다.

1단계는 '스프린트 계획 회의^{sprint planning meeting}'를 진행한다. 작업하기로 결정했거나 작업할 수 있는 모든 항목 중 우선순위가 큰 목록인 프로덕트 백로그로 실제 사이클이 시작된다. 백로그가 준비되면 스프린트 계획 회의를 시작한다. 전체 프로덕트 백로그에서 가장 중요한 기능 또는 우선순위가 높은 몇 가지를 가져와 스프린트 백로그로 옮긴다.

백로그는 프로덕트 백로그^{product backlog}와 스프린트 백로그^{sprint backlog}가 있다. 프로덕트 백로그는 프로덕트의 전체 목표를 이루고자 정리한 기능 요청 리스트다. 스프린트 백로그는 특정 스프린트의 목표에만 해당된다. 두 백로그의 차이점을 [표 2-1]로 정리했다.

표 2-1 프로덕트 백로그와 스프린트 백로그의 차이

항목	프로덕트 백로그	스프린트 백로그
의미	최종 프로덕트가 개발되는 동안 완료해야 하는 모든 항목을 정리한 목록이다.	프로덕트 백로그에서 가져온 항목의 목록이다. 특정 스프린트의 완료가 목표다. 선택한 항목이 조금씩 변하는 상황의 계획도 포함해야 한다.
책임	PO가 프로덕트 백로그 항목을 수집하고 우선순위를 지정하고 개선할 책임을 가진다.	개발자가 스프린트 백로그를 생성할 책임이 있다. 스프린트를 완료할 시간 프레임(time frame) 동안 작업한다.

목표	프로덕트의 전체 목표를 다룬다. 프로덕트 전략 비전이나 고객의 요청에 따라 다를 수 있다.	특정 스프린트의 목표에만 해당된다. 스프린트 목표는 스프린트 기간 동안 동일하게 유지되는 반면 스프린트 백로그는 스프린트에 따라 조절 가능하다.
의존성	스프린트 백로그와는 별개의 독립성을 갖는다.	프로덕트 백로그에 의존한다.

2단계는 '프로덕트 개발을 개시the start of the development/implementation process'한다. 스크럼 핵심은 팀이 수행하는 작업을 스프린트라고 하는 시간 프레임으로 묶는 것이다. 일부 기업은 3주나 4주 스프린트를 진행한다. 가장 대중적이고 일반적인 시간 프레임은 2주다. 2주 동안 스프린트 백로그의 맨 위에 있는 항목을 선택해 진행 중인 상태로 이동한 후 최종적으로 완료하는 방식이다. 열에서 열로 이동하는 티켓의 형태를 띤다. 2주가 끝나면 스프린트 백로그의 모든 작업을 완료해야 한다. 완료하지 못해도 다음 스프린트로 넘어간다.

3단계는 '스탠드업 미팅이나 리뷰standup daily meeting/review'를 진행한다. 스크럼의 특징이 매우 잘 나타난 유용한 미팅 형태다. 일반적으로 스탠드업 회의는 매일 아침 열리는 소규모 회의다. 업무 효율성을 위해 앉아서 하지 않고 서서 진행한다는 의미다. 앉아서 진행하지 않으면 회의는 짧고 간결하게 진행할 수 있다. 즉 스탠드업 미팅의 목표는 모든 팀 구성원이 마지막으로 작업한 내용, 현재 작업 중인 작업 및 다음에 작업할 작업을 간단히 이야기하는 것이다. 누가 누구에게 보고하는 것이 아닌 상호 소통을 목표로 한다. 스탠드업 미팅 중 질문이나 도움 요청이 있다면 그에 대해 이야기하는 것이 중요하다.

4단계는 '회고 회의retrospective meeting'를 진행한다. 스크럼 구현의 또 다른 큰 구성 요소가 회고 회의다. 회고는 1단계 스프린트 계획 회의의 반대 형태다. 각 스프린트가 끝날 때 참여한 모든 팀의 멤버와 함께한다. PM, PO, 개발자, 디자이너, 테스터 등 모든 사람을 한 방에 모으고 최근에 마친 스프린트의 주요 사항을 이야기한다. 잘된 것, 개선해야 할 부분, 사람들이 궁금해하는 것 등 다음을 위한 발전의 소재를 찾아낸다.

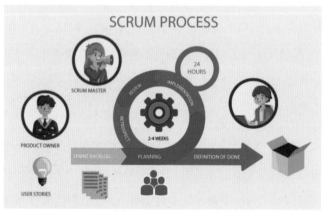

그림 2-8 스크럼 프로세스[6]

---

6   'Understanding Scrum & its Components', Mobit Solutions

2 칸반

칸반은 무엇이며 스크럼과 비교해 무엇이 다른지 알아보자. 칸반은 스크럼과 마찬가지로 애자일 소프트웨어 개발을 구현하는 프레임워크다. 다른 점이 있다면 회의 및 시간 면에서 스크럼만큼 엄격하지 않다. 즉 스프린트 기간이라는 타임박스timebox가 없다.

[그림 2-9]와 같은 칸반 보드를 경험하고 이미지를 접해본 적이 한 번쯤 있을 것이다.

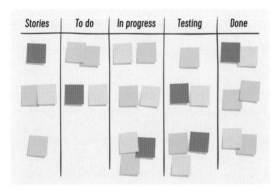

그림 2-9 칸반 보드[7]

칸반 보드는 해당 항목의 상태를 반영하기 위해 한 열에서 다른 열로 이동할 수 있는 카드가 있는 열 묶음이다. 칸반 스타일 보드가 있다고 칸반 프로세스라는 의미는 아니다. 스크럼 역시 칸반보드를 사용하는 경우가 일반적이다.

7　'The Kanban method in IT development projects', Bocasay

칸반의 핵심 개념은 스프린트를 사용하지 않는다는 것이다. 팀 작업을 2주나 4주로 정하지 않는다. 또한, 스프린트가 없기에 스프린트 백로그가 없다. 프로덕트 백로그만 존재한다. 팀은 티켓 작업만 하게 된다. 작업을 수행하고 완료한 후 프로덕트 백로그의 맨 위에서 다음 작업을 수행하는 반복 프로세스다. 해당 백로그는 영원히 계속된다. 끝이 없다. 칸반은 스크럼이 스프린트 계획 회의, 스탠드업 회의 및 회고 회의처럼 특정 회의 유형을 규정하지 않는다는 점에서도 다르다.

큰 차이점이 하나 더 있다. 칸반은 한 번에 특정 양의 항목만 진행하거나 주어진 상태에 있을 수 있다는, 즉 일을 처리하는 균일한 처리 능력 이론을 기반으로 한다. 각 특정 상태에 포함할 수 있는 항목 수는 팀이 결정할 수 있다.

일부 소프트웨어 기업의 팀에서도 칸반을 사용하지만 작업 추정에는 관심을 두지 않는다. 완료될 때까지 매우 빠르게 동일한 수의 단계를 통해 지속적으로 작업을 이동하는 팀에서 적용하고 사용하는 경향이 있다. 어떤 경우가 해당될까? 칸반이 어디에서 유래했는지 알면 이해하기 쉽다. '칸반'은 일본의 자동차 회사 토요타에서 몇 개의 부품이 언제, 어디서 사용되는지 설명하고 부품 상자에 부착하면서 시작된 방법이다. 고객서비스 팀에서 칸반 스타일의 작업을 활용하기도 한다.

그림 2-10 토요타 자동차의 칸반 작업 시스템[8]

이제 스크럼과 칸반을 어느 정도 구별할 수 있을 것이다. 이때 가장 큰 질문은 어느 것이 더 좋은가다. 더 좋은 것은 없다. 팀에서 작업의 특징에 맞고 선호하는 사용 방법에 따라서 결정하면 된다. 가장 좋은 프로세스는 사용하고 싶은 프로세스다. 칸반은 애자일 개발을 하는 더 편안한 방법이지만 스프린트라는 타임박스를 사용하지 않아 작업을 완료하는 데 걸릴 시간을 예측하는 것이 어렵다. 다만 충분히 예상 가능한 고객의 요청 사항을 처리하는 고객 대응 부서라면 타임박스를 지정할 필요 없는 이상 칸반은 좋은 선택 방법이다. 칸반은 애자일 유형의 소프트웨어 개발 프레임워크를 구현하는 또 다른 방법이며 스크럼보다 약간 덜 규범적이고 스프린트를 사용하지 않는다는 점을 알아두자.

8   'Toyota Production System', Kanban Zone

2.3.5 워터폴 개발 프로세스

애자일 개발 예에서는 제품을 완성하는 데 중요한 열 가지 기능 중 가장 중요하다고 판단되는 두세 가지 정도로 연구하고 설계하고 개발한 후 출시하는 방법을 선택한다. 그 과정에서 사용자가 꾸준히 관심을 가지는 것이 무엇인지 확인한다.

워터폴 개발^{waterfall development} 방법은 열 가지 기능을 모두 가져와 동시에 개발한 후 출하한다. 즉 모든 기능을 한 번에 연구 및 설계, 개발하고 출시한다. 소프트웨어 프로덕트에는 수많은 기능이 있을 수 있다. 한 번에 모든 기능을 개발하면 오랜 시간이 걸리고 기능 간 의존 관계가 생겨 워터폴 방식으로 작업하는 것은 꽤 위험할 수 있다. 그 기간 동안 경쟁자가 시장을 선점할 수 있다. 사용자 요구가 바뀌기도 한다. 시장 상황이 변동해 실제 출시할 때가 되면 적응하기 훨씬 더 어려울 수도 있다. 이 과정을 통해 개발한 후에는 사용자가 다른 것을 원했거나 실제로 사용하지 않는 항목에 가장 많은 시간을 보냈다는 것을 알게 되기도 한다.

그림 2-11 워터폴 개발 방법⁹

---

9 'Waterfall Methodology: A Complete Guide', Adobe

워터폴 개발이 그리 유용하지 않다고 느낄 수 있다. 앞서 스크럼과 칸반을 비교했듯이 방법이 틀린 것은 아니다. 중요한 것은 실제로 그 방법을 어디에 적용하느냐다. 워터폴 개발이 유용한 예는 어떤 경우일까? 프로덕트가 통째로 나와야 의미가 있는 경우다.

컴퓨터 운영체제인 윈도우나 맥 OS를 생각해보자. 운영체제는 수천 가지 기능을 가진 시스템이다. 자체적으로 몇 가지 기능을 선택해 점진적 출시를 하는 것은 어렵다. 큰 의미도 없다. 모든 기능은 다른 기능과 유기적으로 매우 밀접하게 연관되고 종속돼 있기에 대중에게 일부만 공개할 수는 없다.

자동차 엔진 제어 시스템 같은 소프트웨어 프로그램도 그 예다. 애자일 개발 방법으로 자동차 내부에 있는 제동 시스템의 몇 가지 기능만 개발하고 또 다른 제동 시스템은 다음에 릴리스하는 것은 좋은 접근법이 아니다.

워터폴 소프트웨어 개발 프로세스를 사용하는 팀은 애자일 소프트웨어 개발 프로세스를 수행하는 팀만큼 긴밀하게 협업하지 않아도 된다. 유럽연합의 항공기 제작사인 에어버스Airbus SE를 보자. 한 도시에는 연구 및 프로덕트 요구사항 팀이 있으며, 다른 도시에 디자이너가 있고 완전히 시간대가 다른 도시에 개발자가 있다. 모든 것을 사전에 정의하고 한 팀에서 다른 팀으로 전달해 완성 제품을 테스트하기 전까지 아무것도 변경하지 않는다는 협의를 기반으로 한다.

좋은 PM이라면 애자일과 워터폴의 장단점을 파악하고 목적이 무엇인지에 따라 어떻게 사용되는지 실제 사례를 잘 알고 있어야 한다. 이 책은 주로 애자일 개발 프로세스에 초점을 맞추지만 워터폴 개발이 쓸모없다고 생각하면 안 된다.

2.3.6 오해를 불러 일으키는 또 다른 권위의 등장

[그림 2-12]는 전 세계 IT기업의 제품을 평가하고 연구하는 가트너Gartner가 만든 디자인 씽킹, 린 스타트업, 애자일의 통합 다이어그램이다.

디자인 씽킹, 린 스타트업, 애자일의 결합

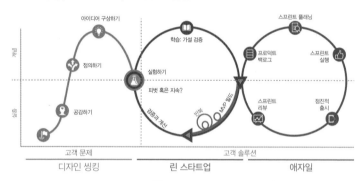

그림 2-12 가트너의 복합 다이어그램[10]

가트너는 이름만으로 엄청난 권위와 힘이 동반된다. [그림 2-12]는 세

10 'Enterprise Architects Combine Design Thinking, Lean Startup and Agile to Drive Digital Innovation', Gartner

가지 방법론이 사실상 소프트웨어 프로덕트 개발의 표준 방법론이라는 것을 인증해준다. 이미지 한 장만으로 쉽게 이해할 수 있지만 두 가지 오해를 불러올 수도 있다.

첫째, 잘못 이해하면 세 가지 프로세스를 순서대로 나열했다는, 즉 워터폴 방법론처럼 이해할 수 있다. 디자인 씽킹이 끝난 후 린 스타트업을 행하고 그것에 따라 제품 개발을 시작하는 애자일이 동작하는 것처럼 말이다. 단 한 번만 이뤄지는 제품의 라이프 사이클이라면 그럴 수 있지만 지속적이고 반복적으로 이뤄지는 과정에서는 아니다. 각 프로세스는 병렬적으로 동작한다. 디자인 그룹이 고객의 애로 사항을 파악할 때 PM 그룹은 고객의 요구 사항과 시장 상황을 파악하고 개발 그룹은 프로덕트 백로그를 개발하는 프로세스임을 명심하자.

둘째, 프로세스를 진행하면서 중첩되는 지점에서만 그룹 간 커뮤니케이션이 일어난다고 생각할 수 있다. 커뮤니케이션은 매 순간 전달되고 공유돼야 한다. 애자일의 스프린트 리뷰가 PM 그룹에 공유되는 것은 당연하다. 디자인 그룹의 고객 공감 리포트가 PM 그룹과 개발 그룹 및 커뮤니케이션해야 하는 것도 실시간으로 투명하게 이뤄져야 한다.

2.3.7 프로세스를 효율적으로 사용하는 아홉 가지 팁

기업과 팀이 아무리 훌륭한 방법론을 도입해 사용한다고 해도 프로덕트가 성공하는 것은 아니다. 훌륭한 방법론은 '이렇게 하면 이게 좋아진다'

를 모아놓은 베스트 프랙티스다. 다른 사람의 경험이 나에게 도움되려면 직접 사용해보면서 나만의 레시피를 찾아야 한다. 훌륭한 방법론과 프로세스의 권위를 존중하되 권위가 제품과 고객에 대한 방향을 결정하게 해서는 안 된다.

필자의 경험을 바탕으로 현명하고 지혜로운 아홉 가지 팁을 소개한다. 다음의 아홉 가지가 자신만의 방법론을 찾아가는 데 도움이 되기를 바란다.

첫째, 디자인 씽킹, 린 스타트업, 애자일에서 짧고 빠른 주기로 시행착오를 경험하자. 시행착오가 큰 위험이 없으려면 작은 단위로 나누자. 조금씩 늘려가면서 최대한 자주 행해야 하며 반드시 회고 미팅을 하며 프로세스를 발전시켜야 한다.

둘째, 반드시 팀 업무 진행 상황의 정기적인 리뷰를 하자. 해당 리뷰나 회고 미팅을 하며 발견된 개선 요청 사항은 공유해야 한다. 프로세스 도입 초기에는 어색하고 불편할 수 있다. 그러나 목표는 서로의 잘못을 지적하는 것이 아닌 관점을 넓히고 커뮤니케이션을 강화하는 것이다. 개선 요청 사항 중 당장 실행할 수 있는 한두 가지를 골라 다음 사이클에서는 개선할 것을 결정한다. 모든 것을 한 번에 해결할 수는 없다.

셋째, 각 그룹의 책임 매니저는 각 프로세스의 진행 상황을 충실히 파악하고자 중요 미팅에 반드시 참석하자. 단 업무 결정은 팀 자체에서 할 수 있도록 팀에 권한을 부여한다. 현재 진행하고 있는 프로세스 중 성과가 좋은 프로세스가 있다면 널리 공유하고 확장해 다른 팀이 사용할 수 있도록 한다. 제대로 동작하지 않는 프로세스가 있다면 신속하게 수정하거나 대체 방법을 찾는다. 매니저 역할이자 책임 있는 행동이다.

넷째, 애자일, 린 스타트업, 디자인 씽킹의 교과서적인 원론에 너무 매달리지 마라. 방법론에 없는 좋은 사용자 경험을 발견했다면 적극적으로 활용하자.

다섯째, 팀이 테스트와 실험, 베스트 프랙티스를 통해 자율적으로 업무 결정을 할 수 있는 권한을 가질 수 있도록 하자.

여섯째, 커뮤니케이션은 지극히 투명하게 하자. 새로운 계획, 변경 사항, 전략 등을 설명할 때는 왜 행해야 하고 어떻게 진행할 것인지 공유한다.

일곱째, 회고 결과를 긍정적인 피드백으로 공유하고 절대 경쟁적인 요소로 사용되지 않도록 주의하자.

여덟째, 팀원 모두 동의할 수 있는 투명한 진행 지표를 정하자.

마지막으로 위 여덟 가지보다 더 중요한 팁이다. 고객을 항상 업무 프로세스와 프로덕트 중심에 두자. 고객은 제품과 서비스를 만드는 데 지금 애자일을 사용하는지, 린 스타트업을 얼마나 잘 활용하는지, 디자인 씽킹 전문가인지 하나도 관심 없다. 궁금해하지도 않는다. 팀이 고객의 필요 사항과 애로 사항을 해결하고자 집중하고 서로 간 경험을 공유하고 협업한다면 더없이 좋은 방법론을 가진 것이다.

CHAPTER 3

고객 개발

3.1 고객 개발이란?

3장에서는 '고객 개발customer development' 개념과 과정을 다룬다. 고객 개발이란 단어만 들으면 쉽게 오해할 수 있기에 개념부터 설명하겠다.

새로운 고객을 개발한다는 것을 의미하는 것이 아니다. 고객사에 개발해 주는 것도 아니다. PM이 고객과 시장이 원하는 제품이나 서비스를 만들고 있는지 여부를 판단하는 방법과 그 과정 전체를 말한다.

잘나간다고 하던 일부 기업의 제품과 서비스가 갑자기 사라졌던 이유를 생각해본 적이 있는가? 1990년대 닷컴붐을 일으켰던 기업의 사례가 많다. 빠르게 흥한 기업은 같은 스피드로 큰 실패를 경험하기도 한다. 대부분 실패 이유는 고객 개발을 적극적으로 실행하지 않았고 프로덕트 시장 적합성을 찾기 전에 현금이 부족했기 때문이다. 고객 개발은 고객의 문제와 요구 사항을 이해하고 지속 가능한 판매 모델을 개발하며 고객 요구에 맞는 제품을 꾸준히 딜리버리할 수 있도록 회사를 개선하는 데 중점을 둔다.

6장에서 다룰 프로덕트 시장 적합성은 설득력 있는 가치 가설을 찾아내는 것을 의미한다. 즉 제품을 구축하는 데 필요한 기능, 제품에 관심을 갖는 고객, 고객이 프로덕트를 구매하도록 유도하는 비즈니스 모델의 조합이다. 회사를 시작하거나 프로덕트를 만들 때 가장 어려운 과정 중 하나이지만 제대로 찾는다면 성공은 확실하다. 회사가 프로덕트 시장 적합성을 찾기 전 판매 및 마케팅을 강화하려고 하면 프로덕트는 원하지 않는 시장에 진입하고자 불필요한 비용만 사용하게 된다. 이때 고객 개발은 프로덕트의 시장 적합성을 빠르게 찾는 데 도움이 된다. 『포춘』에서 선정한 500대 기업부터 성공한 스타트업까지 살펴보면 프로덕트 시장 적합성을 찾았다는 공통점이 있다. 대부분 회사는 프로덕트 시장 적합성을 알아내는 데 오랜 시간이 걸린다. 전혀 찾지 못한 상태에서 프로덕트를 종료한다. 이처럼 프로덕트 시장 적합성 찾기를 반복하는 프로세스는 고객 개발이라는 개념으로 자리 잡았다.

사회 전반에서 디지털 전환이 일어나는 요즘 소규모의 스타트업도 시장을 바라보고 고객과 비즈니스 아이디어를 새로운 방식으로 바라본다. 기존 제품을 기획하는 방법은 시장이 받아들일 것이라고 생각하는 가장 좋은 아이디어를 회의실 책상에 둘러앉아 생각해낸 후 이를 기초로 해 제품을 만들어 시장에 내놓는 것이었다. 앞서 린 스타트업에서 배운 가장 중요한 것이 있었다. 제품 개발은 팀 스스로 최고의 아이디어를 만들어낼 수 없다는 점이다. 즉 회의실 책상에 앉아 심도 있는 토론을 한다고 해도 실제 사용자가 원하는 것을 찾아내기란 어렵다.

제품 구축에 필요한 비밀 주머니는 고객이 보유하고 있다. 고객 개발은 고객과 지속적이고 반복적인 커뮤니케이션 라인을 구축해 아이디어를 제시하고 가설을 세우며 고객과 함께 실험하면서 피드백을 받고 제품을 발전시키는 프로세스다. 고객과의 커뮤니케이션 라인을 구축해 제품 구매와 고객을 발견하고 시장 전반에 걸쳐 제품 아이디어를 지속적으로 테스트하고 검증할 수 있다.

3.1.1 고객 개발의 4단계

고객 개발이란 스탠퍼드 대학교의 스티브 블랭크^{Steve Blank} 교수가 개발한 프레임워크다. 『깨달음에 이르는 4단계(The Four Steps to the Epiphany)』에서 설명하는 고객 개발 프레임워크는 4단계로 구성된다.

- 발견(discovery)
- 검증(validation)
- 창출(creation)
- 구축(building)

각 단계는 올바른 작업을 수행하고자 여러 번 시도할 수도 있다고 가정한다.

1단계 '고객 발견^{customer discovery}' 목표는 프로덕트 고객은 누구이며 해결하려는 문제가 고객에게 중요한지 여부를 결정하는 것이다. 여러 가지 학술 조사나 시장조사를 한 후 설문 조사 및 고객 인터뷰를 하며 고객과 시간을 보낸다.

모빌리티 서비스^{mobility service}로 유명한 우버를 예로 보자. 두 친구가 파리를 여행하던 중 저녁 시간에 택시를 잡는 것이 거의 불가능하다는 사실을 깨닫고 비즈니스 니즈를 생각해냈다. 2010년 5월, 단 세 대의 자동차로 샌프란시스코에서 우버캡^{UberCab}이라는 개인용 블랙 리무진 서비스를 시작했고, 해당 아이디어를 공유하면서 친구들도 서비스 액세스를 요청했다. 이것이 바로 우버가 고객의 니즈를 발견한 시작점이다.

그림 3-1 우버캡 초기 화면

우버캡은 애플리케이션으로 고객과 리무진을 연결하는 서비스를 제공하는 간단한 서비스였다. 고객의 시장 요구가 변하고 있다는 사실을 깨닫고 우버캡에서 캡을 떼어냄과 동시에 고객이 원하는 기능을 적극적으로 개발하고 테스트했다. 핵심 가치에 집중하면서도 사용자 및 운전자가 모두 만족하는 방법으로 발전시켰다.

고객 발견의 다음 단계인 '고객 검증customer validation'은 영업 및 마케팅 팀에서 반복할 수 있는 영업 프로세스를 구축하는 것이다. 실제로 초기 고객에게 프로덕트를 판매해 검증한다. 고객 발견 및 고객 검증 단계에서 성공하면 비즈니스 모델을 입증한 것이다. 우버는 더 많은 사람에게 서비스 액세스 권한을 부여하면서 더 많은 수요가 발생했다.

그다음 고객 검증에서 발견한 성공을 기반으로 프로덕트 수요를 증가시키는 '고객 창출customer creation'이다. 회사의 판매 채널을 신규 고객으로 채울 수 있다. 우버는 신규 및 기존 고객에게 추천 보너스를 제공했으며 사용자 기반을 매우 빠르게 성장시켰다.

마지막으로 고객 개발의 마지막 단계는 '구축building'이다. 해당 프로세스가 더욱 공식화된 구조로 변환된다. 스타트업은 한 사람이 영업과 마케팅을 모두 이끌 수도 있다. 기업은 성장하면서 영업, 마케팅 및 비즈니스 개발 같은 책임과 기능을 분리하고자 다른 부서가 만들어지는 단계다.

고객 발견 및 고객 검증을 잘 통과하면 프로덕트 시장 적합성을 찾은 것이다. 이후 고객 창출을 하고 프로세스 구축을 완료하면 기업이나 프로덕트는 성공에 매우 근접했다고 할 수 있다. 중요한 점은 고객 개발 사고 방식이 아이디어를 제시하는 것에서 비즈니스 성장에 이르기까지 제품 수명 주기, 즉 PLC의 모든 단계에서 동시에 진행해야 한다는 점이다. 3장에서는 전체 고객 개발 프레임워크 중 실행 가능하고 가장 유용한 기술이되는 고객 인터뷰 방법을 중점으로 다루겠다.

우리는 문제를 보고 솔루션을 상상하며 수많은 사람에게도 해당 솔루션이 필요하다고 가정한다. 가정을 현실로 만들려면 고객으로 생각하는 사람들의 실제 문제가 무엇인지 먼저 파악해야 한다. 그 후 프로덕트 고객이 누가 될 것이며 해결하려는 문제가 고객에게 진정으로 중요한지 여부를 파악한다.

더 중요한 것은 고객이 프로덕트나 솔루션 비용을 기꺼이 지불할 의사가 있느냐 확인하는 것이다. 먼저 문제 가설을 세우고 그에 따라 솔루션을 테스트한다. 그 결과에 따라 가설을 검증하고, 가설이 맞지 않는 경우 피벗한다. 고객이 제품을 사용하거나 사용하지 않는 실제 이유를 이해하고 인터뷰를 해 고객에 대한 이해를 높인 후 제품의 성장 커브를 만든다.

프로덕트가 만들어지는 과정을 단순화시켜보자.

누군가에게서 제품 아이디어가 나오는 순간이 있다. 제품 핵심이 된다. 그다음 아이디어의 검증 프로세스가 필요하다. 빌드하기에 좋은 아이디어인지 여부를 파악하는 시도를 한다. 고객 인터뷰를 통해 제품이 필요한지 여부, 해결한다고 생각하는 문제가 실제 사용자 문제인지, 고객이 실제로 해당 문제로 애로 사항이 있는지 등을 파악하며, 고객이 아이디어에 긍정적으로 반응하면 검증 프로세스에 지속적으로 도입한다.

PoC나 MVP 단계에 도달한 후에는 첫 버전의 제품을 개발하는 단계로 넘어간다. 개발 단계에서 고객 인터뷰와 고객 개발을 활용한다. 어떤 기능을 빌드해야 하는지, 버전 1.0에 포함할 기능의 우선순위를 어떻게 정해야 효율적일 수 있는지 알아낸다. 첫 버전을 출시한 후에는 반복 프로세스를 시작하고, 개선하고 기능을 추가한 후 작동하지 않는 것을 고친다.

고객과 관계는 지속적으로 맺는다. 고객 개발을 지속적으로 활용해 고객이 제품을 즐기고 있는지 알아본다. '사용자는 제품을 올바르게 사용하는가?', '타깃으로 했던 사용자가 맞는가?' 등 피드백이 필요하다. 제품이 올바른 사용자를 대상으로 하는지, 놓치고 있는 것은 없는지 파악하고, 새로운 기능이나 새로운 제품 라인을 열 수 있는지 정보를 얻는 창구로 사용한다.

고객 개발은 주로 두 가지 목적 달성을 위한 도구다. 첫 번째는 '위험 완화'이고 두 번째는 '기회 포착'이다. 두 가지 이유 때문에 고객 개발은 PM에게 필수인 기술이다.

3.2 사용자 스토리로 문제 가설 세우기

고객 발견을 위한 아이디어를 테스트하기 전에 몇 가지 기본 가설을 세워야 한다. 먼저 고객 요구를 파악하고자 잠재 고객이 가지고 있을 문제 가설을 찾는다. 프로덕트 가설이 아니라 문제 가설이라는 점에 주목하자. 사용자 문제 또는 요구 사항을 식별하는 것일 뿐 특정 솔루션을 설계하고 가설을 세우는 것은 이르다.

가설은 '사용자 스토리'를 사용해 작성한다. 사용자 스토리는 고객 입장에서 작성한다. [그림 3-2]는 사용자 스토리를 시작할 수 있는 템플릿이다.

USER **STORY**

> As a [User Type],
> I want [behavior]
> so that [outcome or benefit]

사용자 **스토리**

> [고객/사용자]의 입장에서 나는,
> 이러한 [필요, 욕구, 이익]을 위해서
> [행동, 행위] 하기를 원합니다.

그림 3-2 사용자 스토리 템플릿

모든 목표는 고객 발견을 위한 출발점 역할을 하도록 구성한다. 문제 가설을 세운 후 사용자 유형에 맞는 실제 고객과 설문 조사 및 인터뷰 질문을 작성해 대화를 시작하면 사용자의 요구 사항에 대한 통찰력을 얻을 수 있다. 사용자 스토리에서 세운 가설이 올바른지 틀린지 여부와 구축할 가치가 있는 프로덕트를 정의하는 방향으로 가는지 확인할 수 있다. 문제 가설을 작성하려면 사용자는 누구이며 사용자의 요구 사항, 목표 또는 무엇을 원하는지 조사하고 대답할 수 있어야 한다.

사용자 스토리를 [표 3-1]처럼 매니저, 사용자, 영업 대표 관점에서 작성한다.

표 3-1 사용자 스토리(hypothesis)의 예

[고객/사용자]의 입장에서 나는	이러한 [필요, 욕구, 이익]을 위해서	[행동, 행위]를 원한다.
매니저로서	팀원의 업무 진행 상황을 한눈에 이해할 수 있기를 원하는데, 그럼으로써	고위 경영층에 성공과 실패를 일목요연하게 보고할 수 있다.
사용자로서	간단한 아이디어를 쉽게 공유할 수 있길 원하는데, 그럼으로써	수많은 문서를 작성하지 않고도 내 아이디어를 전달할 수 있다.
영업 대표로서	한곳에서 내 고객사를 관리하길 원하는데, 그럼으로써	더 많은 거래를 성사시키는 데 시간을 쓸 수 있다.

사용자 스토리는 구축할 대상을 정의하는 프로덕트 요구 사항을 작성하는 공통 형식이다. PM 업무의 핵심이다. 사용자 스토리를 사용하지 않아도 사용자를 이해하는 방법은 여러 가지 있지만 템플릿을 사용해 사용자를 주어로 하는 문장을 만드는 데는 다음과 같은 이점이 있다.

- 의식적 혹은 무의식적으로 고객/사용자 입장에서 생각하게 된다. 고객 입장을 변호하는 상황이 자연스럽게 만들어진다.
- 변호하는 상황에서는 지속적으로, 더 발전된 형태의 방법과 이유를 찾게 된다.

- 애자일 개발 환경에서 기능을 설명하는 문서의 복잡함은 줄이고 실제로 가장 필요한 것만 남길 수 있다.

문제 가설을 세우면 가설이 맞는지 검증해야 하므로 검증 프로세스로 넘어간다.

인터넷에는 수많은 사이트가 있다. 설문 조사와 인터뷰를 진행하기 전 구할 수 있는 정보를 활용해 2차 연구 자료에서 가설을 학습하는 것이 좋다. 2차 연구 자료는 직접 고객에게 배우지 않은 모든 것이 포함된다. 예를 들어 학술 연구, 민간 연구 리포트, 소비자 보고서, 전문가 인터뷰가 해당한다. 따로 비용을 투자해 연구하는 것도 중요하지만 이미 수행된 연구의 이점을 누릴 수 있다면 누리는 것이 좋다. 구글 검색이나 구글 학술 검색인 스칼라Scholar 등에서 유용한 자료를 찾을 수 있다. 소비자 보고서는 굉장히 알차게 활용할 수 있는 자료다. 매년 소비자 프로덕트를 테스트하고 편견 없는 평가와 리뷰를 게시한다.

이 밖에는 가설에 대해 전문가와 인터뷰하는 방법이 있다. 그 후 고객 인터뷰를 진행하고 사용자에게 직접 설문 조사를 한다. 사용자 관련 지식을 바탕으로 해당 분야 전문가에게 가설에 대한 의견을 묻는다면 놀라운 통찰력을 얻을 수 있다. 가설을 수정하거나 좀 더 효과적인 접근법을 기반으로 사용자를 정의하는 데 도움이 된다.

사용자 설문 조사는 빠르고 저렴하게 대량의 데이터를 얻을 수 있는 방법이다. 전체 흐름이나 상황 파악에는 도움이 되지만 사용자 경험에서 나오는 고급 정보는 설문 조사를 통해 얻기는 힘들다. 프로덕트 구축 초기 단계에서 오용되는 경우가 많다. 빠르고 저렴하게 만들 수 있기에 주로 제한된 시간과 비용을 가진 스타트업에서 설문 조사로 고객과 시장 정보를 수집한다. 설문 조사가 부적절하게 설계되고 사용되면 결과 데이터는 완전히 가치가 없어진다. 설문 조사를 만들기 전 설문 조사가 해당 직무에 적합한 도구인지 여부를 파악하고자 어떤 질문에 답하고 싶은지 신중해야 한다.

설문 조사는 세 가지 면에서 매우 유용하다. 첫째, 고객 태도 및 의도를 파악할 수 있다. 둘째, 시간 경과에 따른 변화를 추적할 수 있다. 기능이 출시되기 전과 후 사용자 이용 행태를 추적할 때 유용하다. 셋째, 사용자가 겪는 문제를 정량화할 때 사용한다. 어떤 총량이나 비율을 구할 때 유용하다.

설문 조사는 세 가지 단점이 있다. 첫째, 사용자가 관심 갖는 것과 실제로 필요한 것이 무엇인지 구별하고 이유를 찾는 것이 어렵다. 둘째, 프로덕트가 효과적으로 사용되는지 파악하는 것도 쉽지 않다. 셋째, 프로덕트에 대한 사용자 행동을 이해하는 것도 어렵다. 어떻게 알아낼 수 있을까? 문제 발견과 경험에 대한 프로덕트 발견은 사용자 인터뷰를 통해 얻는 것이 적합하다.

좋은 설문 조사는 짧아야 한다. 긴 설문 조사는 사용자가 설문 조사가 끝날 때까지 지루함을 느낀다. 지루함은 조사 데이터의 품질을 좌우한다. 설문 조사의 모든 질문에는 특정 목적이나 통찰력이 있어야 하며, 질문을 그룹화하는 방법도 설계해야 한다. 일이나 개인 생활 관련 질문이 많은 경우 질문을 섞어서 하기보다는 그룹화하는 것을 추천한다.

3.4 순고객추천지수 조사

가장 자주 사용되는 설문 조사 방법이 순고객추천지수[net promoter score](NPS)다. NPS는 단 하나의 문항으로 고객 충성도를 측정하는 방법이다. 추천의향 문항을 11점 척도로 측정해 추천 고객 비율에서 비추천 고객 비율을 빼 NPS를 산출한다.

NPS 설문 조사는 고객 경험을 측정하고 비즈니스 성장을 예측하기 위한 것이다. '이 프로덕트를 친구나 동료에게 추천할 가능성은 얼마나 됩니까?' 같은 단순한 질문이 사용된다. 사용자는 '전혀 가능성이 없음'에서 '매우 가능성이 있음' 사이의 0~10등급 척도 중 선택한다. NPS는 표준평가 척도를 사용하고 편향을 피하며 설문 조사를 한 사람이 측정하고 이해할 수 있도록 정량화 가능한 데이터를 제공한다는 장점이 있다.

NPS는 어떻게 계산하고 평가하는지 살펴보자.

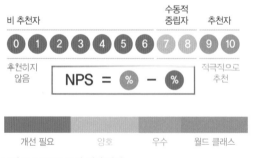

그림 3-3 NPS 조사 평가 방법

표준 NPS 공식은 추천인 비율에서 비추천인 비율을 빼는 것이다. NPS 를 계산하려면 NPS 표준 질문인 '이 제품을 추천할 가능성이 0~10 중 얼마나 됩니까?'에 대한 통계 결과가 필요하다. 예를 들어 응답자 80%가 찬성이고 10%가 반대라면 NPS는 70이다.

공식을 이루는 각 요소의 의미를 알아보겠다. 추천인, 즉 프로모터promoter 는 NPS 질문에 9점이나 10점으로 답한 사람이다. 가장 열성적인 고객이 다. 제품과 서비스를 변호하고 브랜드 홍보 대사로 활동할 가능성이 높 으며 성장을 촉진하는 데 도움이 되는 그룹군이다.

비추천인, 즉 디트렉터detractor는 질문에 0~6 사이의 점수로 답한 고객이 다. 열성 고객이 아니다. 더 나쁜 것은 여기에 속한 고객은 다른 사람에게 제품이나 서비스를 추천할 가능성이 없을 뿐만 아니라 아예 제품과 서비 스를 사용하지 않게 될 수 있다. 상황이 더 나빠지면 다른 사람이 제품과 서비스를 사용하지 않도록 적극적으로 활동할 수도 있다. PM의 주요 목 표에 비추천 고객을 줄이는 것이 있다.

노란색으로 표시된 제3그룹이 있다. NPS 질문에 7점이나 8점으로 답변 한 수동적인 사람, 즉 패시브passive다. 제품과 서비스에 '수동적으로 반응 하는 그룹'이다. 불만도 없지만 높은 충성도 또한 없는 '수동적 중립' 고객 층이다. 해당 그룹은 경쟁자에게 빼앗길 위험이 있다. 많은 PM이 NPS 점수를 올리고자 비추천 고객을 줄이는 방법을 택한다. 필자의 경험상 비추천 그룹은 범위가 매우 넓어(0~6) NPS 점수를 올리기 쉽지 않다.

수동적 중립 고객에 집중하면 효과가 나타난다. 즉 NPS 계산에 직접 포함되지 않지만 중요성을 절대 과소평가하면 안 된다. 일단 만족도가 중간 이상이므로 추천 그룹으로 이동하는 것에 매우 가깝다. 해당 고객 그룹에 집중하는 것이 뜻 깊은 결과치를 만들 수 있다.

NPS 조사 방식의 장점을 크게 다섯 가지로 나눠 살펴보겠다.

첫째, 사용하기 쉽고 직관적인 조사 방법이다. NPS 조사를 수행하는 데 통계 전문가는 필요 없다. 설문 조사 질문은 무엇을 추천할 정도로 좋아하냐는 단순한 개념을 바탕으로 한다. 계산 공식은 매우 직관적이므로 스프레드시트를 이용해 계산할 수 있다.

둘째, 중요 결정이 필요한 경영진에게 유용하다. 경영진들이 고객이나 제품 충성도에 대한 광범위하면서도 간단한 측정치를 원할 때 NPS가 적격이다. 경쟁 업체와 비교하는 것뿐만 아니라 부서 내 제품 간 비교가 매우 쉽다.

셋째, 고객을 분류하는 공통된 용어를 제공한다. 고객을 추천 고객, 비추천 고객, 수동적 중립 고객으로 분류한다. 나눠진 형태에 따라 고객 충성도를 분류하기 쉽다. 고객을 언급할 때 공통 용어를 사용할 수 있다.

넷째, NPS 시스템은 사업 성장과 상관관계가 있다. NPS는 단순히 고객 충성도를 측정하는 도구가 아니다. 높은 점수치가 측정됐다면 사업이 성장했다는 의미다. 많은 연구에서 높은 NPS 수치와 수익 간 강한 상관관계가 있다고 밝혔으며, NPS 질문을 채택하고 핵심 측정 지수로 사용할 때 회사가 점수 개선에 좀 더 집중하므로 사업 성장을 촉진한다고 했다.

다섯째, NPS 시스템으로 간단하게 벤치마킹할 수 있다. NPS 프로그램의 핵심은 전 세계적으로 사용하는 표준 측정 도구라는 점이다. 벤치마킹할 목적으로 경쟁 업체와 비교하고 현 상태를 파악할 수 있다. 업계 내 다른 점수와 비교한 상대적인 NPS 점수를 알아볼 수도 있다.

NPS에는 이처럼 많은 장점이 있지만 단점 역시 존재한다. 몇 가지 단점을 살펴보자.

첫째, 구체적이지 않다. NPS는 고객 충성도를 이해하는 데는 도움이 되지만 비추천 고객인 구체적인 이유는 알 수 없다. 고객이 회사의 어떤 점을 싫어하는지 이해하려면 좀 더 구체적인 고객 인터뷰를 하는 등 후속 관리가 필요하다.

둘째, 결과에 대한 실행 계획 없이는 NPS는 비즈니스에 도움이 되지 않는다. NPS는 기업이나 제품이 거울에 비친 모습과 같다. 거울에 비친 모습이 지저분하고 단정치 못하다면 거울을 들여다보는 것이 불편하다. NPS는 고객 충성도를 이해하는 가장 첫 번째 단계다. NPS 시스템을 효과적으로 활용하고 싶다면 후속 계획을 만들어 실행에 옮겨야 한다. 점수치가 상당히 낮게 나왔다면 다음 단계로 무엇을 실행해야 하는지 계획이 필요하다. 후속 조치 없이는 아무것도 바뀌지 않는다.

사용자 세계와 필요한 것을 진정으로 이해하려면 사용자와 대화할 필요가 있다. 고객 인터뷰가 가장 유연하고 효과적인 도구다. 편안하고 즐거운 대화를 해야 한다. 자신을 정보를 얻고자 하는 사람이 아니라 친구나 조언을 구하는 사람으로 생각해야 한다. 가능한 일방적이어야 효과가 있다. 사용자와 관계를 구축하고 싶다면 침묵을 유지하면서도 대화를 유지하는 기술이 필요하다. 사용자보다 말을 더 많이 하면 학습되지 않는다. 효과적인 인터뷰의 가장 큰 열쇠는 개방형 및 비유도형 질문을 하는 것이다. 지금부터 인터뷰 유형과 올바른 진행 방법을 알아보겠다.

3.5.1 네 가지 인터뷰 유형

PM은 고객과 인터뷰해 여러 정보를 얻고 제품을 만들어갈 때 중요한 자원으로 사용한다. 제품 진행 상황이나 그때마다 필요한 것이 무엇인지에 따라 유형은 달라진다.

첫째, 탐색 인터뷰형이다. 가장 자유로운 형식이다. 잠재 고객에게 특정 문제가 있는지, 특정 솔루션을 어떻게 생각하는지 알고자 하는 인터뷰다. 고객 문제를 발견하거나 좋아하는 것을 적극적으로 찾을 수 있다. 사용자는 자신의 하루나 제품을 사용하는 상황, 추가 기능이 필요한 상황을 이야기한다. 그때 PM은 수많은 제품 아이디어를 얻는다. 동시에 고객이 해당 솔루션을 얼마나 간절히 원하며 비용까지도 기꺼이 지불할 것인지 여부를 시각적으로 볼 수 있다.

호텔이나 숙소 예약 관련 애플리케이션을 개발한다고 가정해보자. 여행 계획을 세우면서 가장 힘든 부분이 무엇인지 물어볼 수 있다. 이를 '개방형 질문'이라고 한다. 단순히 '예', '아니오'로 대답하지 않고 특정 상황의 맥락에서 문제의 계층구조를 이해하는 데 도움이 된다.

둘째, 검증 인터뷰형이다. 가장 일반적인 인터뷰 유형이다. 내가 가진 이론을 테스트하는 것이 목표다. 사용자가 특정 기능 X에 대해 Y로 반응할 것이라는 PM으로서의 이론이다. 이론의 핵심은 제품 기능이 사용자 문제를 해결한다는 것이다. 출시할 때까지, 검증을 받을 때까지, 제품 시장 적합성에 도달할 때까지 내 질문은 나의 이론이지 결론이 아니다.

매우 구체적인 방식으로 진행된다. '새 제품에 추가될 기능입니다. 어떻게 생각하세요? 마음에 드시나요?'라고 물으면 일반적으로 눈앞에 있는 사람에게 비판적인 반응을 하지 않는다. '예'라고 대답할 가능성이 크다. 검증 인터뷰는 편견에 매우 민감하다. 아이디어, 이론, 제품, 새로운 기능을 소개하지 않는 방식으로 실행해야 한다. 전반적으로 인터뷰를 제품이 해결하고자 하는 문제만 이야기한다. 그 후에 솔루션을 소개한다. 과장하지도, 옹호하지도 않고, 매우 건조하게 설명한다. 이에 사용자가 어떤 반응을 보이는지 조심스럽게 살펴보고 정직한 피드백을 수집한다. 사용자 답변에 편향을 일으키고 자유롭게 생각할 수 있는 능력을 방해한다면 매우 작더라도 인터뷰에서 얻은 모든 데이터는 쓸모없어진다.

고객 문제와 제안된 솔루션을 어떻게 생각하는지 사용자가 직접 말로 설명하도록 해야 한다. 고객을 밀어붙이는 것이 아니라 고객을 올바른 방향으로 안내한다. 고객이 해결하려는 문제를 직접 이야기하고 스스로 발견하는지 확인하고자 최선을 다하는 데 사용한다. 예를 들어 '집에서 혼자 있을 때 지루한가요?'라고 물어본 후 이어서 '그럴 때는 컴퓨터게임을 하나요?'라고 한다. 여기서 알고자 하는 것은 집에 혼자 있을 때 컴퓨터게임을 한다는 이론을 확인하는 것이다. 그렇지 않으면 컴퓨터게임으로 범위를 좁히려고 노력한다. 더 이상 편견이 생길 질문은 하지 않는다.

셋째, 만족도 인터뷰형이다. 제품의 어떤 부분이 고객에게 효과가 있으며 그렇지 않은지 알아내는 것이 목적이다. PM은 고객이 제품을 어떻게 생각하는지 측정하려고 노력한다. 이보다 더 중요한 것은 단지 그것을 아는 것보다 왜 그런지 이해해야 한다는 점이다. 불만의 근본 원인을 파악하거나 정확히 무엇을 사용하지 않는지 파악하는 것이 중요하다. 예를 들어 '우리 제품에서는 무엇을 당장 고쳐야 할까요?' 같은 질문을 던질 수 있다. 훌륭한 개방형 질문이다. 정확히 무엇이 작동하지 않는지 솔직하게 들을 수 있다. 혹은 '이 서비스를 더 좋게 만드는 데 제품에 추가할 수 있는 한 가지가 있다면 무엇입니까?'라고 물을 수 있다. 고객은 이유와 함께 부족한 것을 설명할 것이다.

마지막으로 효율성 인터뷰형이다. 제품이 고객의 삶에 얼마나 영향을 미치는지 파악할 수 있으며 제품 개선 방법을 알아낼 수 있다. 사용자는 제품으로 무엇을 하며 언제 어떤 상황에서 사용하는지, 어떤 부분이 도움이 되며 어떤 부분이 불필요하거나 비효율적인지 파악할 수 있다. 실제로 X, Y 및 Z 기능을 사용한다면 무엇을 위해 사용하는지 알아내는 것이 목적이다. 제품 기능을 디자인했을 때 생각했던 프로세스와는 정확히 일치하지 않는 방법으로 제품을 사용하는 것을 발견할 수도 있다. 이를 발견했다면 프로세스에 문제가 발생했다는 신호다. 현재의 기능 프로세스가 이해하기 어렵거나 비효율적이거나 잘못된 사용자 그룹을 대상으로 할 수도 있다.

이 유형은 '기능 X를 사용하는 것은 얼마나 쉬운가요?'라고 질문할 수 있다. '사용자가 즐겨 사용하는 기능인가요?', '사용하기 쉽나요?', '이해하기 쉽나요?' 등 복합적인 질문을 하고 피드백을 얻는 과정이다. 이때 고객에게 어떻게 사용하는지 보여달라고 요청하면 매우 흥미로운 결과를 얻을 수 있다. 고객이 언제 헷갈려하고 잘못 사용하는지, 혹은 전혀 생각하지 못한 프로세스로 사용하고 있는지 보는 것으로 소중한 피드백을 얻을 수 있다.

3.5.2 올바르게 고객 인터뷰 진행하기

이제 제품을 제대로 만들려면 고객과 대화해야 한다는 사실을 이해했다. 올바른 정보를 수집하고 제품에 대한 올바른 피드백를 얻으려면 고객과 제대로 대화하는 방법과 하지 말아야 할 일을 구별해야 한다. 고객 인터뷰는 생각만큼 직관적이지 않다. 고객 인터뷰의 요점은 앉아서 대화를 나누고 제품 관련 이야기를 하며 어떻게 반응하는지 확인하고 머릿속에 떠오르는 새로운 기능이나 아이디어를 설명하는 것이라고 생각할 수 있다. 현실은 그렇지 않다. 수많은 돌발 상황과 예외 상황이 발생한다. 고객 인터뷰를 진행하는 실제 목적은 사용자에게 가능한 가장 현실적이고 솔직하면서 정확한 정보를 얻는 것이다. 고객 인터뷰를 실행하는 방법과 수행해야 할 작업을 이해하는 데 도움이 되는 세 가지 자세를 살펴보자.

첫째, 흔히 고객 인터뷰를 진행할 때 인터뷰 주제가 제품이 될 것이라고 잘못 생각한다. 실제로는 제품 자체가 인터뷰 주제가 되지 않는다. 사용자와 이야기할 때 고객 문제와 요구 사항을 이야기한다. 솔루션을 이야기하는 경우는 거의 없다. 고객과 직접 솔루션에 대해 이야기하면 얻을 수 있는 정보가 매우 제한된다. 또한, 고객이 특정 결정을 내리는 이유도 솔루션을 개발할 때 크게 도움이 되지 않는다. 고객의 요청 사항에 대한 스티브 잡스의 훌륭한 말이 있다.

고객은 그것을 보여줄 때까지 그들이 원하는 것이 무엇인지 모른다.

즉 솔루션에 대해 이야기하는 것은 고객이 원하는 것을 이야기하는 것이며 고객은 자신이 정확히 무엇을 원하는지 알지 못하는 경우가 많다는 것이다. 매우 간단한 문제다. 누구나 자신이 겪는 문제나 필요한 사항을 잘 이야기한다.

둘째, 고객 인터뷰는 질문하는 것이 목적이지 직접적인 대화를 나누거나 자신의 의견, 생각을 제공하는 것이 아니다. 대화 비율은 고객이 90% 정도여야 한다. 하나의 질문을 하고 고객이 자세히 이야기할 수 있는 분위기를 설정해야 한다. 고객 개발과 고객 인터뷰의 가장 큰 묘미는 요점에서 벗어나는 것이다. 고객이 해당 질문에 예상했던 방식으로 답변하는지 여부를 크게 신경 쓰지 말자. 고객이 대답할 수도 있고 그렇지 않을 수도 있다. 전혀 관련 없는 것을 말하기 시작하기도 한다. 최고의 아이디어는 전혀 물어볼 생각도 하지 못한 말을 하는 고객에게서 나오기도 한다.

셋째, 고객이 편안하게 이야기할 수 있는 환경을 조성한다. 고객과 관계를 형성한다. 고객과 마주 앉자마자 구체적인 질문으로 시작하는 식으로 진행하면 안 된다. 고객이 편안하게 생각하는지 본격적으로 대화를 시작하기 전에 확인해야 한다. 고객에게 직접 대답하기 어려운 질문을 하거나 직접 대답하는 것이 어색하거나 긴장하게 만드는 질문을 하지 않는다. 또한, 고객이 부정적인 피드백을 주면 부정적으로 반응하지 말아야 한다. 제품이나 아이디어를 옹호하기 위해 노력하는 모습을 보여주는 것도 좋지 않다. 고객이 부정적인 피드백을 주는 것에 부정적인 반응을 보인다면 나머지 인터뷰에도 매우 나쁜 영향을 미친다. 경직된 분위기에서 진실되고 정직한 정보를 얻을 가능성은 훨씬 적다. 중립적인 입장에서 반응한다면 고객은 진실을 말해도 괜찮다고 깨닫게 된다.

세 가지 인터뷰 자세보다 더 중요한 것은 인터뷰를 강요하지 않아야 한다는 점이다. 인터뷰를 몇 주 동안 준비했기에 피드백받고 싶은 질문과 주제가 있을 것이다. 하지만 고객에게 해당 주제에 대해 이야기할 것을 강요하면 안 된다. 사용자가 실제로 관심을 갖는 분야에 대해 이야기하고 자연스럽게 인터뷰하고 싶은 방향으로 안내한다면 사용자는 더 많은 정보를 제공할 것이다. 이를 염두에 두고 인터뷰한다면 성공적인 인터뷰가 될 가능성이 높다.

3.5.3 좋은 질문과 나쁜 질문은 어떻게 다른가?

고객과 이야기를 나눌 때 고객이 제공하는 정보를 편견 없이 해석하는 것이 중요하다. 대화 중 고객이 거짓말을 하거나 제공하는 정보가 이해하기 어려워 오해할 수도 있다. 좋은 질문은 고객에게 많은 정보를 이끌어내고 제품 개선 방법에 대한 힌트도 많이 얻을 수 있다. 나쁜 질문은 나쁜 제품을 만들 수 있다.

어떻게 고객에게 질문해야 할까? 몇 가지 규칙이 있다.

첫 번째 규칙은 항상 개방형 질문을 하는 것이다. 예 또는 아니오 또는 특정 정보로 대답할 수 없는 질문을 한다. 개방형 질문을 하면 고객에게 자유도와 대답할 수 있는 여지를 제공하고 자신이 적합하다고 생각하는 정보를 제공한다. 이것이 개방형 질문에서 고객에게 원하는 것이나. '커피를 좋아하나요?'라고 묻는다면 대답의 종류는 예 또는 아니오뿐이다. 작은 데이터 포인트만 생성한다. '어떤 음료를 좋아하나요?'라고 묻는다면 수많은 대답을 기대할 수 있다. 사람들은 본인의 이야기를 하기 좋아한다. 이 사실을 기억하면 얻을 수 있는 정보가 굉장히 많다. 이를 위한 첫 번째 방법이 바로 개방형 질문을 하는 것이다.

두 번째 규칙은 바이너리 질문을 하지 않는 것이다. 바이너리 질문이란 예 또는 아니오로만 대답할 수 있는 질문을 말한다. 고객이 인터뷰 시간을 편안하게 느끼도록 해야 하기 때문에 바이너리 질문은 하지 않는 것이 좋다. 또한, 고객이 더 많은 정보를 제공하고 질문에 적극적으로 임할 수 있는 기회를 뺏는다. 고객은 질문에 인접한 주제에 대해 계속해서 이야기할 수 있지만 바이너리 질문은 도착점을 지정한 것이 된다.

세 번째 규칙은 가상의 질문을 하지 않는 것이다. '만약 당신이 데이터 분석가이고 기능 X가 합리적인 가격에 출시된다면 구독 서비스에 가입하겠습니까?' 같은 질문이다. 어떤 합리적인 대답을 받는다고 가정해도 결과적으로 실패할 가능성이 매우 높다. 질문에 포함된 모든 조건을 충족하는 환경은 실제 환경이 아니다. 가상의 환경을 상상하고 대답하는 것은 비논리적인 경우도 있다.

네 번째 규칙은 유도 질문을 하지 않는 것이다. 대답해야 하는 고객에게 편견을 심어주거나 영향을 미치는 질문이다. 유도 질문은 단순한 질문처럼 보이는 경우가 있다. '한 달 동안 구독료를 30% 할인하는 이벤트가 있다면 관심이 있으신가요?' 같은 질문이 전형적인 예다. 질문이 이미 '예'라는 대답을 기대하고 유인하고 있다. '아니오'라고 대답을 할 수 있을까? 질문하기 전에 답을 알고 있는데 질문하는 것은 원하는 답변이 진실이 아닐 수 있기에 나쁜 질문이다.

다섯 번째 규칙은 고객이 거짓말할 수 있는 가능성이 있는 질문은 하지 않는 것이다. 이런 종류의 질문은 고객을 매우 당황스럽게 만들어 특정한 대답을 하도록 과도한 영향을 미칠 수 있기에 쉽게 거짓말할 수 있다. 이렇게 얻은 데이터 품질은 쓸모가 없고 오히려 독이 된다. 예를 들어 '기존의 회계 툴을 사용해 부당한 비용 청구를 한 적이 있나요?'라고 묻는다면 고객이 나에게 말하고 싶지 않아 회피하거나 사실과 다른 대답이 나올 수 있다.

인터뷰 중에는 아무리 준비를 잘한다고 해도 실수할 수 있다. 이를 예방하기 위해 연습하는 것이 중요하다. 나쁜 질문은 순식간에 좋은 질문으로 바뀔 수 있다. 예를 들어 '당근마켓이라고 들어봤나요?'가 아닌 '집안에 더 이상 필요 없는 물건을 발견했을 때 어떻게 처리하나요?'라고 바꿔 질문함으로써 고객에게 더 많은 정보를 얻을 수 있다. 중고 거래에 관해 알고 있다면 자연스럽게 당근마켓을 언급할 것이다.

어떤 질문을 해야 할지 잘 모를 때 마법처럼 사용하는 레시피가 있다. 고객의 말에 과도하지 않지만 적극적인 리액션과 반응을 보여주는 것이다. '아, 그렇군요. 흥미롭네요. 좀 더 구체적으로 말씀해주시겠어요?' 같은 적극적 반응은 훨씬 부드러운 분위기에서 많은 정보를 얻어낼 수 있는 공감대를 형성한다.

CHAPTER 4

프로덕트 전략과 로드맵

4.1 사용자 필요성

삶을 살면서 대하는 모든 지식의 결과물은 누군가의 작은 아이디어에서 시작됐다. 이는 PM의 일상에도 적용된다. 즉 프로덕트가 가진 기능도 누군가의 아이디어에서 시작된다. PM은 아이디어를 내는 사람이 아니다. 아이디어 제품을 판매하고 고객을 만나는 세일즈 팀이나 마케팅 팀, 혹은 사용자일 수도 있다. 모든 아이디어는 순서를 정해야 한다. PM으로서 다음에 무엇을 해야 하는지 결정해야 한다. 아이디어를 기반으로 구축할 수 있는 기능 목록과 그중 가장 중요한 기능을 결정하는 방법이 필요하다. 4장과 5장에서 우선순위 지정 기능과 에픽에 대해 설명하겠다. 먼저 아이디어에서 기능으로 전환될 수 있는 목록을 만드는 방법에 대해 이야기해보자.

4.1.1 아이디어는 EMUC로부터

구축하고자 하는 프로덕트에서 PM의 가장 적합한 위치는 어디일까? 적합한 위치가 특정 지을 수는 없지만 일단 PM을 중앙에 두고 생각해보자. 왼쪽에 사용자가 있고 나의 오른쪽에는 함께 일하는 개발 팀, 디자인 팀 및 여러 동료가 있다. 위로는 보고하는 상사나 기업의 경영진이 있다. 매일매일 앞뒤 좌우로 대화와 회의가 열린다. 즉 요청과 아이디어는 모든 곳에서 오며 PM은 수집하고 정리해야 한다. 기능 아이디어와 요청은 함께하는 내부 직원, 지표, 사용자, 고객에서 나온다. EMUC^{employees, metrics,}^{users, customers}라는 약어를 사용하면 쉽다. 하나씩 살펴보자.

먼저 E, 즉 employees다. 아이디어 출처가 함께 일하는 동료, 경영진 혹은 자신이다. 업무 회의를 하거나 경쟁자와 시장을 분석하면 새로운 아이디어들이 나온다.

둘째, M, 즉 metrics이다. 지표를 나타낸다. 사용자가 프로덕트를 사용하면서 보여주는 데이터를 추적할 때 나타난다. 경향을 보여주거나 비효율적인 면을 나타낼 때도 있다. 모든 것이 프로덕트의 아이디어로 입력된다. 예를 들어 사용자가 애플리케이션을 이용하면 특정 영역에서 예상보다 매우 짧은 시간을 소비하고 다른 곳으로 이동한다는 것을 알 수 있다. 해당 데이터가 무엇을 이야기하고 있는지 분석하고 새롭게 바꿔나가는 것이 지표가 주는 아이디어다.

다음은 사용자인 U, 즉 users다. 커뮤니티나 소셜미디어, 애플리케이션, 웹 페이지, 이메일을 통해 접수가 되는 사용자 피드백을 말한다. 프로덕트를 사용하는 사람은 모두 어딘가에서 열심히 아이디어를 보낸다.

마지막은 C, 즉 customers다. 구매자라고 할 수 있다. B2C인 경우에는 구매자와 사용자가 동일한 경우가 대부분이다. B2B 세계에서는 구매자와 실제 제품 사용자가 다른 경우가 많다. 즉 구매는 구매 팀이나 최고 경영자 그룹에서 하고 실제 사용은 운영자가 하는 경우다. 구매자는 말 그대로 프로덕트에 비용을 지불한 주체를 의미한다.

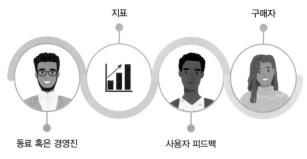

지표　　　　　　구매자

동료 혹은 경영진　　　　　사용자 피드백

그림 4-1 프로덕트 아이디어가 나오는 EMUC

PM 유형에 따라 아이디어는 어디에서 나올 수 있을까? 기업 내부의 업무를 진행하는 PM인 경우 대부분 아이디어는 함께 일하는 동료나 직원에게서 나온다. 동료나 상사, 후배의 피드백으로 아이디어를 받는다. B2C PM인 경우에는 대부분 요청이 사용자에게서 오지만 문제와 지표를 찾고 동료나 비전을 가진 경영진의 새로운 아이디어에도 집중해야 한다. B2B PM이라면 기능에 대한 요청과 아이디어는 주로 고객사 직원에게서 온다.

여러 채널에서 받은 아이디어가 진짜로 유용한 것인지 아닌지 어떻게 결정해야 할까? 무엇을 기준으로 결정해야 하는지 알아보자.

4.1.2 유효한 아이디어인지 검증하기

이해관계자는 제품을 만들거나 기능을 추가하라고 요구하며 그에 대한 아이디어를 전달한다. 언뜻 보기에는 합리적인 문제 해결로 보인다. 실제로는 사용자가 이면에서 겪는 실제 문제의 징후다.

PM이 된다는 것은 처음에 생각했던 아이디어의 문제를 찾는 것이 아니라 문제에 대한 솔루션을 찾는 것이다. 어떤 요청이나 기능 아이디어가 주어지면 가장 먼저 세 가지 질문으로 검증해야 한다.

- 실제 문제를 해결하고 있는가?
- 기능을 구현하고 구조를 변경하는 데 부작용은 없는가?
- 요청의 핵심 문제에 도달하고 실제 문제가 무엇인지 이유를 세 번 이상 물어보고 고민했는가?

아이디어의 깊이와 검증 프로세스에 따라 상세 질문은 다를 수 있다. 최소한 세 질문은 PM이 이해관계자와 오해 없이 커뮤니케이션하는 데 반드시 필요하다. 첫 번째 질문에서 '그렇다'는 대답을 명확히 얻는다 해도 두 번째 질문을 통해 더 깊이 들여다보지 않고 요구하는 아이디어대로 작업을 수행하고 있지는 않은지, 의도하지 않았지만 변경이나 추가 때문에 새로운 부작용은 없는지 검토한다.

페이스북의 공유하기 기능을 통해 의도하지 않은 부작용의 예를 살펴보자. 사용자 성향에 따라 공유 기능의 불편함을 호소하는 경우가 있다. 인기 콘텐츠를 공유하는 사람이 많아졌다. 공유를 많이 하는 사람이 나의 페이스북 친구인 경우 내 피드는 매우 복잡해진다.

페이스북에 가장 많이 요구하는 기능 중 하나가 공유 콘텐츠를 효과적으로 처리해달라는 요구다. 공유 콘텐츠를 보지 않을 수 있는 버튼이나 옵션을 추가해달라는 아이디어를 낸다. 합리적인 요청 사항 같다. 페이스북은 소셜미디어로서 비즈니스 모델을 만든 기업이다. 많은 사람에게 지금 이 시간에 인기 있는 것이 무엇이며 무엇을 이야기하는지 보여줘야 한다. 공유는 '나는 이것을 정말 좋아한다', '그것을 지지한다', '너무 좋아서 내 피드에 올릴 의향이 있다'는 것을 표현하는 것이다. 그런데 이런 공유가 많이 보이지 않고 회자되지 않는다면 어떤 상황이 발생할까? 공유 내용 가치와는 상관없이 공유하는 사람이 점점 줄어들고 흥미도 떨어지게 된다. 보는 사람이 많지 않고 회자되지 않으면 동기부여가 되지 않는다. 다른 사용자에게도 영향을 미치는 일이다. 공유하는 사람이 줄어들수록 정말 인기 있는 것이나 사람들이 정말 좋아하는 것이 무엇인지 말하는 것이 더 어려워지고 여론 형성 또한 되지 않는다. 더 이상 인기 콘텐츠로 선택이 안 되고 정보가 오염되기 시작한다.

마지막으로 세 번 이상 물어보기는 요청의 핵심 문제에 도달하고 실제 문제가 무엇인지 확인하는 정말 쉬운 방법이다. 매우 효과적이다. 포드 자동차 회사를 만든 헨리 포드^{Henry Ford}는 고객 피드백의 모호성에 대해 이렇게 말했다.

고객에게 무엇을 원하는지 물어봤다면
그들은 더 빠른 말이라고 대답했을 것이다.

고객 표면에서 나오는 피드백과 요구, 요청, 불만 등에 대해서 실체를 파악하고 해결하는 방법을 찾아야 한다는 것이다. 실체를 찾는 방법은 매우 쉽고 이미 많은 영업 담당자가 사용하는 기술이다. 즉 고객에게서 같

은 대답을 얻을 때 실제 문제에 해당하는 답으로 들어가는 것이다. PM 역할은 아이디어가 주는 요청을 듣는 것뿐만 아니라 요청 뒤에 숨겨진 진정한 고통을 찾는 것, 요구하는 진짜 이유가 무엇인지 찾는 것이다. 가장 쉬운 방법은 겸손한 태도를 유지하며 계속 이유를 묻는 방법이다.

4.1.3 유효성을 빠르게 검증하는 게릴라 테스트

아이디어에 대한 내부 유효성 검증을 마쳤다 해도 이것이 시장에서 수익성 있는 제품으로 효과적으로 전환하려면 먼저 잠재 사용자에게서 피드백을 수집하여 아이디어를 테스트해야 한다. 그렇지 않으면 아이디어가 실제 수익 창출이 가능한 고객 불만에 대응하는지 여부를 확실하게 판단할 수 없기 때문이다.

실제 제품이 나올 때까지 기다려야 할 필요는 없다. 실제 제품을 출시하지 않고도 거의 비용을 들이지 않고도 아이디어에 대한 시장의 반응을 테스트하는 데 사용할 수 있는 효과적인 전략이 있다. 이러한 전략을 통해 실제 사용자가 여러분의 제품을 해결해야 하는 문제에 대한 매력적인 솔루션으로 여길지 여부에 대한 구체적인 인사이트를 얻을 수 있다.

먼저 이러한 전략을 시작할 때는 다음 사항이 준비되어 있어야 한다.

- 아이디어를 소개할 잠재 사용자들에게 목업이나 와이어프레임 같은 최소한의 실체를 보여줘야 한다. 사용자는 아이디어 설명과 연결하기 위해 시각, 청각 또는 물리적 실체가 필요하다.

- 아이디어를 효과적으로 설명하고 묘사하는 방법을 반복하여 연습하고 매우 간단한 언어를 사용하여 해결할 문제를 설명할 수 있어야 한다.

- 사용자를 만나러 나가기 전에 모의 질문을 수집하고 테스트하여 일관된 답을 제시하도록 한다. 중요한 것은 자신의 아이디어를 옹호하는 것이나 사용자를 설득하는 것이 아니라, 중립적인 방식으로 전달하고 아이디어를 수정하고 개선하는 데 필요한 객관적인 피드백을 수집하는 것이 목표다.

유효성 테스트를 위해 가장 널리 사용하는 게릴라 테스트 방법을 소개한다.

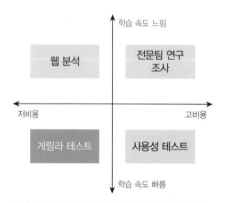

그림 4-2 시간과 비용에 따른 유효성 테스트 방법

게릴라 테스트는 사용자 편의성과 경험에 대해서 알고 싶은 질문에 빠르게 답을 얻을 수 있는 저비용 테스트 방법이다. 이 방법은 사무실 같은 갇힌 공간으로부터 벗어나, 현재 계획하고 있는 프로덕트의 잠재적인 미래 사용자들과 만나게 해준다. 게릴라 테스트는 여러 면에서 전담 테스터를 내부에 두고, 테스트플랜, 액션, 피드백을 하는 심화 테스트와는 다르다.

심화 테스트의 목적은 미묘한 통찰력과 세심한 개선점을 발견하기 위함인데, 이것은 시간, 노력 그리고 스타트업에는 매우 치명적인 재정적 부담이 높다. 게릴라 테스트는 절대로 심화 테스트를 대체할 수 없지만 준비만 철저히 한다면 비용 대비 고효율의 효과를 경험할 수 있다. 게릴라 테스트는 카페나 다른 공공 장소에 가서 불특정 다수의 사람들에게 여러분의 프로토타입에 대한 피드백을 구하는 것으로 '20달러 스타벅스 테스트'라고 부르기도 한다.

① 오늘 만나게 될 서너 명에게 음료수를 대접할 수 있는 금액인 2만 원 정도를 준비하여 가까운 카페를 방문한다.

② 낯선 사람에게 한 번에 한 명씩 정중하게 다가가 다음처럼 차분하게 상황을 설명한다. "실례합니다만, 잠시 시간 좀 내주실 수 있나요? 이번 주말에 저희 스타트업(회사명 ○○○)이 프로덕트 아이디어에 관한 최종 회의를 할 예정입니다. 저와 음료수를 마시면서 그 아이디어가 성공할 수 있을지 솔직한 생각을 말씀해주시겠어요? 조건 없이 솔직한 피드백만 있으면 됩니다."

③ 상대방에게 객관적으로 준비된 아이디어를 제시한다. 눈을 마주치면서 천천히 명확하게 말한다. 친근하게 대하되 지나치게 열정적이어서 불편함을 주어서는 안 된다. 준비된 자료를 자유롭게 보여준다.

④ 상대방에게 아이디어에 대해 어떻게 생각하는지 물어본다. 상대방이 지나치게 지지하는 것 같으면, 즉 여러분을 기쁘게 해주려고 노력하는 것 같으면 "이 아이디어가 성공하지 못할 것 같은 이유를 세 가지만 말씀해주시겠어요?"라고 바꾸어 질문을 한다.

⑤ 상대방이 아이디어를 만든 배경보다는 아이디어 자체에 집중할 수 있도록 한다. 주의 깊게 경청하고 어떤 식으로든 논쟁을 해서는 안 된다.

⑥ 시간을 내준 상대방에게 감사의 인사를 전하고 마무리한다.

⑦ 준비한 비용을 소진할 때까지 ②~⑥을 반복한다.

게릴라 테스트의 장점은 프로덕트의 초기 아이디어 단계에서 매우 빠르고 저렴하게 그 방향성을 확인하고 검증할 수 있다는 것이다. 게릴라 테스트를 통하여 사용자 인사이트와 피드백은 빠르게 얻을 수 있지만, 이것을 준비하는 과정은 매우 전략적이고 경험적으로 진행되어야 한다는 점을 다시 한번 명심하자.

4.2 경쟁

시장 규모를 추정하는 방법은 여러 가지다. 가장 중요한 첫 번째 단계는 시장을 정의하는 것이다. 시장을 정의하는 기준이 되는 변수는 다음의 세 가지다.

- 목표 사용자(buyer)
- 구매자(user)
- 시장 범위(scope of market)

시장 규모를 설명하다는 것은 기회의 규모를 알려주는 경제적 배경 정보다. 이 정보를 합리적으로 유지하는 것이 핵심이며 과장할 필요는 없다. PM이 각 이해관계자와 일할 때 가장 큰 자산은 신뢰감이다. 제품이나 서비스가 속한 거대한 시장이 아니라 내 제품의 시장에 초점을 맞추는 것이 중요하다. 만약 자동차의 한 부품을 책임지는 PM이라면 자동차 전체 시장은 시장 범위가 아니다.

이론적으로 시장 규모는 간단하다. 좋은 치약을 만들고 있다면 지금 시장에 있는 모든 치약의 판매량을 합산하거나 평판이 좋은 곳에서 치약 판매 데이터를 구매하거나 찾는다. 물론 말처럼 쉽지는 않다. 완전히 새로운 제품이나 서비스를 만든다면 현재 시장이 없기에 잠재 수요를 예측할 수 있는 다른 방법을 찾아야 한다.

4.2.1 시장 규모 정하기

시장 규모를 제시하는 일반적인 접근 방식은 잠재 시장potential addressable market(PAM), 전체 시장total addressable/available market(TAM), 유효 시장serviceable available market(SAM) 및 수익 시장serviceable and obtainable market(SOM)이다.

그림 4-3 규모에 따른 시장 정의

가장 큰 시장인 PAM은 초기 비즈니스 모델이나 경쟁 모델을 정의할 때는 거의 사용하지 않는다. 지금은 가장 일반적인 TAM, SAM, SOM을 알아본다.

TAM(전체 시장)은 제품과 서비스의 총 시장 규모를 말한다. 제품이 하나의 구성요소인 TAM이 아니다. 태양광 패널이 낮 동안 태양을 따라가도록 만든 소프트웨어 추적 시스템을 개발했다고 가정해보자. 태양 추적 시스템 시장만 TAM이 된다. 태양광 패널이나 태양광 관리 시스템은

TAM이 아니다. 전체 태양 에너지 시장 크기와는 완전히 다른 작은 규모다.

SAM(유효 시장)은 TAM의 하위 세그먼트다. 태양광 추적기를 다시 예로 살펴보자. 다양한 용도에 최적화된 다양한 유형의 추적기가 있다. 언덕이 많은 지면에 건설된 태양광 발전소에 최적화된 추적기를 개발했다면 SAM은 언덕이 많은 지면의 태양광 발전소다. SAM은 지리적 범위도 고려한다. 중국이 시장 수요의 절반을 차지하지만 중국에서 제품을 판매할 수 없을 것으로 예상된다면 SAM에서 그만큼 제거해야 한다. SAM은 제품이 실제 판매 가능한 시장이어야 한다. 영업 팀, 리셀러, 유통 채널 파트너 등과 함께 실제로 도달할 수 있는 시장이다. 추정하기 어렵겠지만 매우 중요한 숫자가 된다.

SOM(수익 시장)은 실제 수익을 만들 수 있는 가장 보수적인 크기의 시장이다. 제품이나 서비스가 경쟁사보다 품질이 우수하다면 SAM의 100%를 차지할 수 있다. 즉 SOM은 얼마나 많은 수익을 창출할 수 있는지에 대한 매우 현실적인 평가 수치다.

TAM, SAM, SOM은 시장을 세분화하고 한눈에 볼 수 있는 훌륭한 패러다임으로 이해관계자에게 유용한 시장 정보를 제공한다. 실제 제품, 특히 시장이 존재하지 않는 신제품은 데이터가 거의 존재하지 않는다. 평판이 좋은 컨설팅 그룹의 시장 보고서에서 해당하는 시장 데이터를 찾을 수 없을 때 시장 규모를 추정하고 계산하는 몇 가지 방법이 있다. '시장 규모가 얼마인가?'라고 물으면 대부분 TAM을 요구하는 것이다. CEO나 PM도 시장 크기를 제시할 때 TAM을 사용한다. 지금 이야기할 하향식top-down 및 상향식bottom-up 접근 방법은 TAM을 기준으로 추정한다. TAM은 목표 시장의 총 시장 규모이며 제품 및 서비스의 목표 시장이다.

하향식 접근 방법

더 큰 시장에서 찾을 수 있는 모든 데이터로 시작해 하위 세그먼트로 내려간다. 하향식 방식은 전체 시장의 크기를 초기치로 잡고 아래로 계산해 나가는 방법이다. 전체 시장 크기에서 우리 제품이 얼마나 차지하는지 계산하면 규모를 추정할 수 있다. 매우 낙관적인 접근법이다. 제품 가격에 근거한 방법이 아니며 전체 시장 가격부터 시작하기 때문이다.

예를 들어보자. 미국에서 주문형 오렌지 배달 구독 서비스를 론칭하려고 한다. 미국 정부에 따르면 각 가정이 과일과 야채를 1년간 750달러 소비한다고 한다. 미국 인구에 해당하는 가정 수를 곱하면 약 944억 달러다. 오렌지 배달 서비스는 대도시를 중심으로 이루어질 예정이니 그중 30%를 취한다고 가정하면 283억 달러 시장이 된다. 그 후에 전체 과일과 야채 중 오렌지가 차지하는 비중을 5%로만 추정하고 그중 10%만 배달 서비스를 원한다고 하면 약 1억 4천만 달러의 시장 크기다. 여기에 매년 약 10%의 성장을 추정하면 첫 해에 해당하는 시장은 1억 5400만 달러의 시장이라고 추정해볼 수 있다.

하향식 Top Down

- 전체 시장 크기를 초깃값으로 설정
- 해당 시장에서 내 제품의 점유율 추정
- 낙관적인 접근법

사례: 미국내 주문형 오렌지 배달 서비스
- 총 과일과 야채 소비 비용
  - 정부 자료: $94.4B(750 달러/가정×총 가정 수)
- 대도시의 30%를 목표 $28.3B($94.4B×0.3)
- 오렌지 소비량은 전체의 5%로 추정 $1.4B($28.3B×0.05)
- 배달 서비스는 그중 10%로 추정 $140M($1.4B×0.1)
- 매년 10% 시장 성장 기대 $154M($140M×1.1)

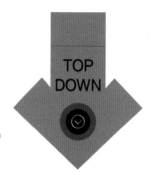

그림 4-4 하향식 시장 규모 정하기

다른 예를 한 가지 더 보자. 새로운 개발자 도구를 만들고 있다면 깃허브 GitHub 및 빗버킷Bitbucket 계정 수를 기준으로 총 개발자 수를 추측할 수 있다. 개발자 수를 추정하는 좋은 출발점이다. 그러나 기업용 유료 제품을 만든다면 B2B 개발자 수를 확보하고자 모든 학생 계정, 중복 계정 및 사용되지 않는 계정을 제거해야 한다. 그다음 제품 혜택을 받을 개발자 비율과 개발자 도구에 비용을 지불할 의사가 있는 회사에서 일하는 개발자의 합리적인 추정치를 추측해야 한다.

하향식 방식은 수많은 가정과 추정의 과정이다. 시장이 크고 분산된 시장에 적합하다.

상향식 접근 방법

하향식 방식에 반해 상향식 방식은 최종 단가부터 계산해 전체 시장 크기를 계산하는 방법이다. 비슷한 프로덕트의 현재 영업 상황을 기초로 가격과 시장 크기를 계산한다. 그 후에 얼마나 해당 시장이 매력적인지 다가가는 보수적인 접근법이다. 계산하는 방식에서 하향식 방식보다 노력과 시간이 좀 더 걸리지만 더 정확한 계산이 가능하다는 장점이 있다. 상향식 방식은 소규모의 전문화된 고객층에게 판매할 때 가장 효과적이다.

다시 미국 내 주문형 오렌지 배달 구독 서비스를 보자. 오렌지 단가를 1달러로 정했다. 가정에서 일주일에 한 번 시장에 간다고 가정하고 매번 오렌지를 세 개 산다면 1년이면 150달러, 여기서 10% 가정이 배달 서비스를 이용한다면 15달러가 된다. 도시당 평균 가정 수를 3만 5천을 기준으로 하고 미국 내 대도시 30개가 타깃이라면 전체 시장 규모는 1억 5600만 달러로 계산할 수 있다.

상향식 Bottom Up

• 유사 상품의 현재 매출을 기반으로 추정
• 청구 가능한 판매 금액을 추정
• 보다 보수적인 접근
• 많은 시행착오와 시간이 소요

사례: 미국내 주문형 오렌지 배달 서비스
• 오렌지 단가 추정: $1
• 일반 가정의 연간 평균 오렌지 소비 비용:
  $150(오렌지 3개/주×50주)
• 배달 서비스는 그중 10%로 추정: $15($150×0.1)
• 도시당 평균 가정 수: $5.3M($15×35,000 가정)
• 30개 대도시를 타깃: $156M($5.3M×30개 대도시)

그림 4-5 상향식 시장 규모 정하기

이처럼 하향식 및 상향식과 같은 방식으로 시장 크기를 계산하는 방법을 '추정하다'의 게스^{guess}와 '가격을 내다'의 에스티메이션^{estimation}을 합쳐

'게스티메이션guesstimation'이라고 한다. 게스티메이션은 빅 테크 기업에서 PM을 채용할 때 면접 문제로 매우 자주 사용한다. 출제 목적은 지원자가 논리적 사고로 문제를 풀어내는 능력이 있는지 시험하는 것이다. 답을 맞추는 것이 중요한 것이 아니다. 접근법이 얼마나 논리적인지 테스트하는 것이 목적이다.

4.2.2 네 가지 유형의 경쟁자

기존 경쟁사의 매출을 모두 합산하면 현재 시장 규모를 알 수 있다고 생각하기 쉽다. 실제로는 거의 불가능하다. 판매 관련 정보를 공개하는 한두 개의 시장 리더 기업이 있을 수는 있으나 제품과 형태, 경쟁 유형에 따라 보고서에 나온 숫자를 다시 평가해야 한다. 그에 따른 시장점유율 추정치를 결합해야 총 시장 규모를 결정할 수 있다. 이를 위해 경쟁자 유형을 정의하는 과정이 필요하다. 경쟁자 유형은 크게 네 가지로 나눌 수 있다.

그림 4-6 네 가지 유형의 경쟁자

첫째, '직접 경쟁자direct competitors'다. 동일한 대상의 고객 그룹을 추구할 뿐만 아니라 해결하고자 하는 동일한 문제의 해결 방법을 갖고 제품과 서비스를 출하하는 경쟁자다. 우리 제품과 매우 유사한 솔루션을 가지고 있으며 고객이나 사용자 입장에서는 종종 누구의 제품을 사용할 것인지 비교해보고 의식적인 결정을 내린다. 예를 들어 맥도날드의 직접 경쟁자는 버거킹이 될 수 있으며 구글 검색엔진은 마이크로소프트의 빙 검색엔진이 될 수 있다.

둘째, '간접 경쟁자indirect competitors'다. 해결하고자 하는 동일한 문제를 다른 방식으로 대상 사용자 그룹에 제공하는 경쟁자다. 우리가 생각하는 목표 고객층과 겹칠 수 있으며 더 작은 부분의 고객 그룹을 목표로 할 수도 있다. 또한, 완전히 다른 업종이나 부문을 타기팅할 수도 있다. 맥도날드의 간접 경쟁자는 패밀리 레스토랑이나 새마을식당이 될 수 있다. 구글 검색엔진의 간접 경쟁자는 페이스북의 그래프 검색이나 OpenAI의 ChatGPT가 될 수 있다.

셋째, '잠재 경쟁자potential competitors'다. 동일한 목표 대상 사용자 그룹 또는 유사한 대상 사용자 그룹에 해결책을 제공하지만 우리가 제공하는 것과 같은 동일한 문제를 해결하지 않는 경쟁자다. 맥도날드는 음식 스탠드나 외부 벤치를 설치한 편의점, 구글 검색엔진은 유튜브나 틱톡 내 검색이 될 수 있다.

넷째, '대체 경쟁자substitute competitors'다. 우리가 제공하는 해결 솔루션과 같은 문제를 해결한 제품이지만 동일한 고객층을 대상으로 하지 않는 경쟁자 유형이다. 맥도날드는 마트에서 구입하거나 배달받는 음식 밀키트, 구글 검색엔진은 해시태그를 붙여 검색 카테고리를 만드는 경우다.

경쟁자를 유형별로 분류했다면 그에 따른 기본 전략이 필요하다. 가장 노력을 쏟아 경쟁해야 할 유형은 직접 경쟁자다. 경쟁 우위를 확보하는 것이 제품의 가장 중요한 목표가 된다. 또한, 간접 경쟁자로 고객이 이탈하는 것을 방지해야 한다. 고객 이탈은 간접 경쟁자가 우리 제품보다 경쟁 우위를 가졌기 때문이 아니라 제품/서비스 품질이 저하됐을 때 발생하기 쉽다. 잠재 경쟁자가 우리 제품 시장에 쉽게 진입할 수 없도록 하는 것도 중요하다. 인수 합병을 통해서라도 잠재 경쟁자가 직접 경쟁자나 간접 경쟁자로 성장하는 것에 주의를 기울여야 한다. 대체 경쟁자는 아직 큰 위협이 안 될지라도 대체 경쟁자의 전략이나 기능을 우리 제품과 서비스에 적극적으로 참고해 도입해보는 시도는 필요하다. 큰 비용과 노력 없이도 쉽게 새로운 시장에 진입할 수 있는 아이디어를 얻을 수 있다.

4.3 경쟁자 평가를 위한 다섯 가지 방법

PM으로 성공하는 데 가장 큰 부분을 차지하는 것은 경쟁 업체를 주시하고 무엇을 할 것인지를 알아내 경쟁에서 앞서는 방법을 찾는 것이다. 특히 기존 프로덕트가 있는 팀이라면 사용자, 기능, 언론, 자금 상황 등 여러 가지 주제를 놓고 경쟁자와 끊임없이 경쟁할 것이다. 이제 경쟁 업체를 이해하는 데 절대적으로 중요한 다섯 가지 기준을 알아보자.

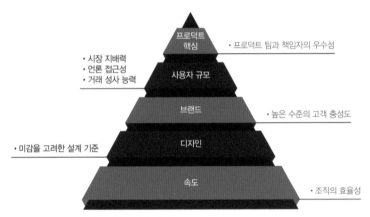

그림 4-7 경쟁자 평가를 위한 5가지 방법

첫 번째는 '프로덕트 핵심'이다. 프로덕트 핵심은 프로덕트 팀을 의미한다. '누가 그 프로덕트를 만들고 있는가'다. 어떤 레벨 어느 정도의 엔지니어인지 알아내는것이 첫 번째 평가 기준이 된다. 제품과 서비스에 따라 개발자가 될 수도 있고, 디자이너나 PM이 될 수도 있다. 이들이 모인 프로덕트 팀이 얼마나 우수한지 알아내는 것이다.

페이스북의 마크 저커버그는 공식 석상에서 공공연하게 평균 레벨인 100명의 엔지니어보다 뛰어난 엔지니어 한 명이 더 나은 퍼포먼스를 보인다고 이야기했다. 이 말이 옳은지 아닌지를 떠나서 소프트웨어 애플리케이션 개발에서 훌륭한 엔지니어는 낮은 수준의 작업을 수행할 수 있는 보통의 엔지니어보다 고객을 위해 훨씬 더 많은 일을 할 수 있다는 의미가 될 수 있다. 일반적으로 최고 수준의 엔지니어는 전체 엔지니어 그룹이 할 수 있는 일을 능가하기도 한다.

인스타그램이 좋은 예다. 2012년 페이스북이 인스타그램을 10억 달러에 인수했을 때 거래 가격만 보고 큰 기업일 것이라고 생각했던 사람들이 대다수였다. 하지만 당시 인스타그램은 직원이 열세 명에 불과했다. 여덟 명은 프로덕트를 만드는 엔지니어였다.[1] 프로덕트 핵심, 즉 프로덕트를 만드는 팀이 얼마나 중요한지 알 수 있는 대표적인 예다.

만약 경쟁 업체가 더 나은 프로덕트 팀을 가졌다면 모든 능력 면에서 우리를 능가한다는 의미다. 경쟁 업체는 더 좋은 제품을 더 빠르게 시장에 내놓을 수 있다. 그렇기에 우리 프로덕트 팀이 경쟁자만큼 좋지 않다고 판단했다면 가장 먼저 '프로덕트 품질'로 경쟁에서 이길 수 있는지 빠르게 판단해야 한다.

---

1   'Instagram is celebrating its 10th birthday. A decade after launch, here's where its original 13 employees have ended up', Insider

두 번째 기준은 경쟁 프로덕트의 사용자 규모를 아는 것이다. 사용자 기반이 얼마나 큰지 왜 중요할까? 대규모 사용자 기반이 있다고 반드시 더 나은 프로덕트를 더 빨리 구축할 수 있다는 의미는 아니다. 하지만 꽤 중요한 경쟁 포인트다. 사용자 기반이 큰 회사나 경쟁 업체는 사용자 기반이 작은 회사에는 없는 특정 이점이 매우 많다. 사용자 기반이 크면 새로운 제품/기능을 출시하거나 새로운 시장에 진출할 때 기존의 사용자 기반으로 많은 사람을 쉽게 끌어들일 수 있어 시장을 지배할 가능성이 높다. 또한, 언론 보도는 더 크고 잘 알려진 회사를 다루는 경향이 있기 때문에 쉽게 홍보 효과를 누릴 수도 있고, 대규모 사용자 기반으로 다른 회사와 더 쉽게 파트너십을 체결할 수도 있다.

세 번째 기준은 브랜드다. 추상적인 것으로 생각할 수 있지만 실제 효과는 굉장하다. 사람들이 가진 브랜드와 판매하는 프로덕트 이미지가 미래에 무엇을 할 수 있는지 결정할 수 있다. 강력한 브랜드는 훨씬 더 높은 수준의 고객 충성도를 요구한다. 충성도는 새로운 시장이나 새로운 계획에 착수할 때 많은 고객이 함께하도록 할 수 있다. 또한, 더 높은 가격을 청구할 수 있다. 예를 들어 동등한 품질이라도 애플 제품은 경쟁사보다 비싸다. 애플을 포함한 많은 명품 기업이 브랜드 효과를 적절히 이용해 새로운 제품에서도 경쟁 우위를 갖는 이유다. 경쟁자가 더 강력한 브랜드를 가졌다면 새로운 브랜드 파워나 프로덕트를 따라잡기 어려울 수 있다.

네 번째 기준은 디자인이다. 미학적으로 아름다운 프로덕트를 만드는 능력을 의미한다. 많은 사람이 잘 설계된 프로덕트를 좋아하는 경향이 있다. 제품을 쇼핑할 때 사용하기 쉽고 예쁘다는 이유로 구매하는 경우가 꽤 많다. 애플은 디자인과 사용성에 매우 신경 써서 시장에 진출하기에 진입하는 모든 시장에 큰 위협이 된다. 애플 워치로 전 세계 시계 시장에 어떤 일이 있어났는지 생각해보자. 2021년 말 기준 애플은 스위스의 시계 산업 전체를 합친 것보다 더 많은 시계를 판매했으며 매출은 애플 워치가 306억 달러, 스위스 시계 산업의 총 수출액은 150억 달러였다. 두 배 이상의 차이가 난 것이다.[2]

마지막 기준은 속도다. 새로운 프로덕트나 기능을 작업할 때 경쟁자보다 얼마나 더 빨리 제품을 출시할 수 있는지에 관한 것이다. 기업 규모가 점점 커질수록 더 복잡한 커뮤니케이션 구조, 더 많은 계층구조를 갖게 된다. 실행하려는 업무와 속도가 느려질 수밖에 없다. 규모가 커지고 속도가 느려지는 시점에 민첩한 소규모 팀이 나타나면 기존 기업은 새로운 시장에서 힘들어진다. 빠른 결정을 내리는 것이 아닌 올바른 결정을 빠르게 진행하자는 것이 목적이다. 그렇게 할 수 있는 능력을 가진 팀이 경쟁에서 우위를 점한다.

경쟁자를 평가하고 이해하고 싶다면 프로덕트 핵심, 사용자 규모, 브랜드, 디자인 및 속도를 기준으로 하기 바란다.

2 'Smartwatch vs Swiss watch', Slidebean

4.4 이기는 전략

프로덕트 아이디어를 얻었고 시장 규모를 추정했으며 경쟁자 분석까지 마쳤다. 이제 이길 수 있는 계획, 즉 위닝 플랜을 짜야 하는 시간이다. 이를 '프로덕트 전략'이라고 한다.

4.4.1 전략이란

Strategy is not a list of features.
전략은 기능 리스트가 아니다.

많은 사람이 헷갈리는 전략의 가장 중요한 정의부터 하겠다. 전략이란 프로덕트 기능 세트feature sets, 즉 프로덕트에 들어가는 기능의 집합이 아니다. 고객이나 개발 팀과 새로운 기능 및 구조 설계를 이야기하는 것이 잘못됐다는 것은 아니다.

업무 환경에서 쉽게 접할 수 있는 예를 들어보겠다. 고객을 상대하거나 고객 복소리를 전하는 동료가 자주 하는 말이 있다. "고객은 이 기능을 구현해 출시하면 바로 프로덕트를 구매합니다." 동기부여가 되는 매우 좋은 상황이다. 경쟁 프로덕트에는 이미 있는 기능이 우리 제품에 없다면 이런 피드백은 매우 중요하다. 하지만 '경쟁을 따라잡는 것'이라는 큰 개념의 전략이 되어야 하며 해당 기능을 구현하는 것이 전략이 될 수는 없다는 의미다. 전략은 여러 개의 옵션 중에서 비즈니스 목표를 달성하기 위해 '선택'을 하는 것이다. 순수한 의미의 선택이라는 것을 꼭 기억하자.

Strategy is not a secret document.
전략은 비밀문서가 아니다.

비밀문서나 금고 안에 전략이 있지 않다. 전략이나 로드맵은 각 이해관계자 의견과 요청, 요구, 불만 사항을 정렬하고 커뮤니케이션하는 것이 핵심 원칙이다. 전략은 의견 및 불만 사항 등을 전달했을 때 조직 구성원들의 행동과 업무에 변화가 일어날 때만 유효하다. 헷갈릴 수 있다. 누군가 '올해 우리 그룹의 전략은 뭐지?'라고 동료에게 질문하고 '음, 잘 모르겠는데…'라고 이야기한다면 두 가지 경우에 해당한다.

- 전략에 대한 커뮤니케이션이 제대로 되지 않았다.
- 커뮤니케이션이 된 전략이 상식적으로 이해되지 않은 것이다.

어떤 상황이 됐든 조직 구성원의 행동 및 업무에서 새로운 변화를 기대할 수 없다. 해당 전략은 이미 실패했다는 의미가 된다. 전략이 제대로 동작하려면 조직에 속한 사람들의 행동에 변화가 생겨야 한다. 내가 무엇을 위해 어떤 것을 해야 하며 동료와 함께 어떻게 이뤄내야 하는지 생각해야 한다. 전략은 우리가 원하는 비즈니스 목표나 성과에 도달하고자(주요 문제점을 극복하는) 방법을 찾는 창의적인 연습이다. 그 과정에서 여러 가지 옵션이 있을 수 있다. 어떤 것을 선택하든 목표에 일관성을 가져야 한다. 즉 전략 회의에 들어가서 전략을 토의하고 합의했다면 혹은 내가 상사에게 이것이 프로젝트 전략이라는 설명을 들었다면 책상에 돌아와 무엇을 하고 하지 말아야 하는지 명백해지는 것이 전략이다.

4.4.2 프로덕트 전략의 다섯 가지 요소

프로덕트 전략은 기업이 해당 제품을 통해 설정한 목표를 달성하는 선택 과정이다. 개발 예정인 프로덕트, 집중할 시장 부문, 차별화 방법, 가격 정책, 시장에서의 포지셔닝 방법 및 커뮤니케이션 방법 같은 선택 사항을 결정해야 한다.

예를 들어 외국인 대상으로 파리 시내에서 비빔밥을 팔려고 한다면 먼저 비즈니스 목표가 필요하다. 비즈니스 목표를 세 개 정도 설정하자. 수익을 얻고 한국 문화를 알리며 스스로의 행복감과 재미를 찾는 것으로 정할 수 있다. 그렇다면 비즈니스 목표를 달성하려면 어떤 선택을 해야 할까? 다음과 같이 전략을 만든다.

- **종류**: 전주비빔밥, 육회비빔밥, 아니면 채식주의자를 위한 비빔밥으로 할 것인가?
- **소스**: 간장을 넣을 것인가, 고추장을 넣을 것인가 아니면 특별 소스를 개발할 것인가?
- **가격**: 박리다매가 좋을까, 정상 가격이 좋을까, 아니면 고급 음식으로 자리를 잡을 것인가?
- **판매 시간대**: 평일 점심 시간대가 좋을까? 주말이나 휴일이 좋을까?

모든 선택 과정을 거쳐 최종 선택되는 것이 바로 전략이다.

실제 회사에서 프로덕트 전략을 만드는 것은 비빔밥 판매보다 훨씬 복잡하다. 많은 사람이 관련됐으며 내가 갖고 있는 리소스에 대한 우선순위와 잠재 고객의 요청 및 요구 사항 사이에서 끝없이 고민한다. PM처럼 생각의 중심에 전략이 있는 사람들은 조직 내에서 해당 프로덕트 전략의 중심축 역할을 한다. PM만 전략을 만든다는 의미는 아니다. 오히려 많은 사람이 전략에 참여할 수 있어야 하며 독려해야 한다.

PM은 실제 전략이 만들어질 때까지 이해관계자 의견을 정렬하고 균형 잡힌 결과물이 나와 이해도 높은 문서의 형식으로 커뮤니케이션되기까지 모든 과정을 책임지고 이끄는 역할을 한다. 주요 이해관계자가 전략이 의미하는 바를 이해하고 실현할 때 자신의 역할을 할 준비가 됐는지 정기적으로 확인해야 한다. 잘 동작하지 않을 때 다시 원점으로 가져와야 하는 사람이 바로 PM다. 모든 과정이 PM을 전략의 중심축이라고 이야기한다. 힘든 작업이지만 결정적으로 중요한 역할을 한다.

프로덕트 전략에서 꼭 갖춰야 할 다섯 가지 선택 사항이 있다.

- 개발할 프로덕트
- 시장 부문 및 카테고리
- 차별화 방법
- 가격 정책
- 포지셔닝과 커뮤니케이션

명확한 전략을 세우고 열정적으로 지키는 것만으로는 기업과 프로덕트가 성공할 수 없지만 좋은 일이 생기기 시작할 가능성은 훨씬 더 높아진다. 먼저 목표를 이해해야 전략을 세우고 파악할 수 있다. 일단 이 과정이 끝나면 실행에 집중하고 모든 일이 이뤄지도록 조직을 배치해야 한다.

4.5 전략 만들기

과연 대부분 조직이 전략을 만드는 감각이 뛰어나고 일관되게 전략을 따를까? 작은 규모의 스타트업에서 대기업에 이르기까지 대답하기 어려울 것이다. 아직도 많은 회사가 수동적인 방식으로 전략을 세우기 때문이다. 고위 경영 팀이나 세일즈 팀에서 요청해 만드는 것이다. 하향식 접근 방식이다. 프로덕트 팀은 주문받는 역할을 수행한다.

예를 들어 세일즈 팀은 고객이 원하는 것을 잘 이해할 수 있지만 분기별 수익 같은 단기 동기로 주도되는 제한된 관점을 보여주기에 일관된 프로덕트 전략을 책임지기에는 부족하다. 또한, 카리스마 넘치는 조직 리더의 강한 요청을 받아 전략이 세워지기도 한다. 조직 리더들은 본인이 시장을 가장 잘 알고 고객을 이해한다고 생각한다. 새로운 아이디어와 신기술에 매력을 느끼는 경우가 많다. 그 결과 프로덕트 초점이 집중되지 못하고 이곳저곳으로 이동하는 경향이 있어 꾸준히 일관성 있는 전략을 전개하는 데 어려움이 생긴다. 이렇게 만들어진 전략은 프로덕트에 집중하기보다는 주위 환경과 경쟁자에 반응해 끝없이 수정한다. 전략 변경은 그룹 리더와 팀이 의견이 상충되기도 한다. 이 경우 피해받는 것은 프로덕트 팀과 결과물인 제품과 서비스다. 진로를 자주 바꾸는 전략으로는 제품은 완료되지 않는다. 자금은 없어지고 경쟁자에게 우위를 뺏긴다.

전략을 정의하고 일관되게 따를 수 있도록 하는 방법에는 두 가지가 있어야 한다. 강한 신념과 매니지먼트 기술이다. 일관성 있고 효과적인 프로덕트 전략을 명확히 하는 데 필요한 기술은 비즈니스, 운영 및 마케팅에 이르기까지 다양한 분야에 걸쳐 있다. 시장 역학을 이해하며 다양한 플레이어가 제공하는 프로덕트와 서비스를 계획하고 어떤 기술이 가능하게 하는지 이해해야 한다. 또한, 재정적 요인을 분석하고 릴리스 방식을 정의하며 우선순위를 지정하고 선택 사항을 그룹 내 조직원에게 명확하게 커뮤니케이션할 수 있어야 한다.

적절한 기술을 보유하는 것만으로는 일관되게 전략을 추구할 수 없다. 명확한 경로를 계획하는 것은 중요하지만 시간이 지나면 유지하는 것은 완전히 다른 도전이 된다. 현실은 계획된 경로에서 쉽게 벗어날 수 있는 압력과 유혹, 주의를 산만하게 하는 뉴스로 가득하다. 장기적으로 가치 창출을 하는 제품을 만들려면 전략의 중요성과 힘에 대한 확고한 신념이 있어야 한다. 전략을 개발하는 데 필요한 기술과 적극적으로 추구하려는 신념을 함께 갖춘 PM 역할이 절대적으로 필요하다.

그렇다면 좋은 프로덕트 전략은 무엇이며 효과가 있는지 어떻게 알 수 있을까? 좋은 프로덕트 전략은 일곱 가지 조건이 있다.

- 목표를 달성하는 방법을 보여준다.
- 성공하는 데 필요한 것을 설명한다. 여러 선택 사항 중 비즈니스 목표를 달성하고자 어떤 최선의 선택을 해야 하는지 알려준다.
- 성공에 영향을 미치는 요소를 고려한다. 시장 동향, 경쟁자와의 역학 관계 및 성공 가능성에 영향을 줄 수 있는 기타 요소도 모두 고려한다.

- 경쟁 우위를 설명한다. 사용자나 고객이 다른 대안보다 우리 프로덕트를 선택해야 하는 이유를 설명한다.

- 결정을 내리는 데 도움이 된다. 앞으로 만나게 될 어려움을 이겨내고 제품이 성공할 수 있는 이유도 설득력 있게 주장한다.

- 무엇을 할지 하지 않을지 결정하는 데 도움이 된다. 어떤 선택이 올바른 방향으로 이끄는지에 대한 투명한 관점을 제공한다.

- 이해관계자들과 합의를 이룬다.

내비게이션 애플리케이션을 예로 들어보자. 전략은 내비게이션이 A라는 장소에서 B라는 장소로 이동할 때 최적의 경로를 선택하는 방법과 같다. A 지점에서 B 지점으로 이동한다는 것은 프로덕트의 비즈니스 목표를 달성하는 것을 의미한다. 수익 및 이익이 생기고 새로운 사용자를 만들며 특정 시장의 점유율을 높이는 것이다.

내비게이션 애플리케이션을 사용하면서 도착지에 가는 방법에 의심을 하기 시작한다면 내비게이션 애플리케이션은 이용 가치가 없어진다. B 지점에 도착하는 것이 비즈니스 목적이라면 전략은 목적지에 가까워지는 과정의 순간을 보여줘야 한다. 중요한 점이 있다. 신뢰감 있는 전략은 진행 상황을 정확하게 측정할 수 있어야 한다는 점이다. 비즈니스 목표에 대한 진행 상황을 나타내는 지표를 정하고 면밀히 모니터링한다. 좋은 전략은 비생산적인 논쟁을 피하고 마찰을 줄인다. 이를 달성하려면 모든 이해관계자가 전략을 이해하고 동의해야 한다. 이해관계자를 설득하고 정렬시켜 한 방향을 보게 만드는 것은 PM의 중요한 역할이다.

4.6 엘리베이터 피치 프레임워크

프로덕트 전략을 작성할 때 특별한 양식에 얽매일 필요는 없다. 자신이 편안하게 느끼는 형식으로 자유롭게 작성하면 된다. 여러 가지 기능이 있는 복잡한 프로덕트라면 여러 페이지에 걸쳐 지속되는 슬라이드를 사용해 단계별로 구성해도 좋다. 상세한 재무 모델을 설명한다면 스프레드시트를 사용해도 좋다. 스타트업의 MVP나 프로토타입이라면 화이트보드에 가능한 모든 변수를 적어두고 명확한 몇 문장으로 요약할 수도 있다. 전략을 명확히 하는 유일하고 올바른 방법은 없다. 대신 전략의 세부 사항을 구체화해 고려할 사항이 모두 포함됐는지 확인하는 것이 중요하다.

전략을 문서화하는 방법에 관계없이 전략 자체는 간결하고 명확하게 핵심만 한두 문장으로 요약해 설명할 수 있어야 한다. 그렇게 할 수 없다면 중요한 사항을 파악하지 못했거나 주요 선택을 피하고 있다는 의미다. 풍부하고 복잡한 개념을 매우 간단한 용어로 표현하는 것은 굉장히 어려운 일이다. 다행히 많은 선배가 이미 이 문제에 직면했고 해결하는 데 도움이 되는 유용한 프레임워크를 만들었다.

TV 드라마에서 가끔 보는 장면이 있다. 멋진 아이디어를 가진 젊은 청년이 대기업 회장을 기다렸다가 엘리베이터를 같이 타서 30초 정도 본인의 제품 전략을 인상적으로 전달하는 모습이다. 드라마에서만 존재하는 방법이 아니다. 실제로 제품의 핵심 전략을 정리하는 방법이며 '엘리베이터 피치 프레임워크^{elevator pitch framework}(EPF)'라고 한다. EPF 문장 구조는 매우 간단하다. EPF는 전략을 단 두 문장으로 표현할 수 있도록 하는 매우 유용한 도구다.

기술 방식은 다음과 같다. 단어는 그대로 유지하고 [ ](대괄호)로 싸여진 부분을 전략의 핵심 요소로 바꿔 넣는다. 그다음 전체 내용을 반복해 읽으면서 전략을 잘 설명하는지 확인한다.

표 4-1 엘리베이터 피치 프레임워크

Elevator Pitch Framework	엘리베이터 피치 프레임워크
For [A: the individual or group] who [B: has an unmet need], [C: product] is a [D: concise explanation of your product] that [E: high level description of what your product does]. Unlike [F: competition], the product [G: unique differentiator].	[B: 문제, 필요, 요구 사항, pain points]를 가진 [A: 그룹, 개인, 기업]을 위해서, [C: 프로덕트 이름]은 [E: 이런 특성/강점/장점/핵심 가치]를 가진 [D: 업종/프로덕트 카테고리]다. [F: 경쟁 프로덕트]와는 달리 우리는 [G: 대표 차별성]을 가집니다.

EPF의 첫 번째 항목 [A]는 제품을 사용하는 목표 사용자, 대상 사용자를 채우는 일이다. 즉 제품을 판매할 대상을 적는다. 왜 그렇게 해야 하며, 왜 제품의 범위를 제한해야 하는지, 모든 사람이 사용할 수는 없는지 질문받을 수 있다. 제품이 모든 사람을 만족시킬 수 없으며 모든 사람에게 맞출 수 없다. 모든 사람을 대상으로 하면 강점이나 핵심 가치를 찾는 과정이 매우 모호해진다. 보편적인 목표 대상인 것처럼 보이는 제품도 시작은 좁은 범위의 대상에서 출발한다.

아마존은 온라인 서점에서 시작했다. 페이스북은 동부의 대학생을 대상으로 시작했다. 모든 사용자를 타깃으로 하면 제품의 성공 확률은 낮아진다. 첫 번째 공백을 채우려면 고객 세분화customer segmentation를 해야 한다. 일반적인 프로덕트라면 연령, 성별, 소득 수준 같은 데모그래픽 demographic, 즉 인구통계학적 범주를 대상으로 한다. 지리적 위치를 타기팅할 수도 있다. 또는 최근 많이 사용하는 정서적 세분화인 사이코그래피psychographic을 사용할 수도 있다. 기업용 제품은 규모, 업종 등 을 산업별 기준으로 하는 기업을 대상으로 한다. 제품에 적합한 대상 사용자 세그먼트를 식별할 때 해당 세그먼트의 전체 크기도 고려해야 한다. 얼마나 많은 소비자나 고객을 대상으로 하는지, 해당 시장 부문에서 얻을 수 있는 기회 또는 잠재적 수익을 생각해 결정한다.

대상 사용자는 전략을 정당하게 만드는 EPF의 첫 번째 공백이다. 다른 모든 것은 첫 번째 선택에 따라 달라질 수 있다. 가장 중요한 첫 번째 열쇠다. 누구를 위해 프로덕트를 구축하느냐만큼 중요한 전략적 결정은 없다.

EPF의 두 번째 항목 [B]는 고객 니즈를 기술한다. 목표 고객에게 존재하는 단일 요구 사항이나 문제를 찾아내야 한다. 첫 번째 항목인 대상 사용자를 선택하는 것이 시장 선택을 하는 데 도움이 된다면 고객의 요구 사항을 식별하는 것은 프로덕트에 명확한 초점을 제공한다.

고객 요구는 매우 실제적이고 구체적이어야 하며 프로덕트는 고객 요구를 해결해야 한다. 고객이 가진 문제는 엄청난 기회 가치가 된다. 많은 아이디어를 얻을 수 있다. 결국 제품 솔루션은 실제 문제를 해결하거나 요구 사항을 충족해야 한다. '좋은 PM은 해결책이 아니라 고객 문제와 사랑에 빠진다'는 말을 기억하자. EPF에서는 단 하나의 고객 요구 사항이나 문제점을 지명해야 한다. 프로덕트가 여러 개의 작고 약한 욕구를 충족시키는 것보다 하나의 강력한 욕구를 충족시키고 해결할 때 더 강력해진다.

EPF의 세 번째 항목 [C], [D]는 시장 카테고리를 명확히 하는 과정이다. 마켓 세그먼테이션market segmentation 혹은 카테고리 설정은 간단하게 보이지만 실제로는 상당히 까다롭다. 고객이 나의 제품을 어떻게 생각하는지에 대한 핵심이다. 신중하게 고려해야 하는 중요한 부분이다. 고객이 제품을 선택하거나 구매하기 전에 제품이 무엇인지 이해해야 한다. 고객은 제품을 선택하기 전에 본인이 이미 알고 있는 제품과 비교하면서 제품을 이해하는 심리가 있다. 카테고리를 식별하고 고객이 제품에 대한 결정을 내리는 방법을 이해하면 고객 요구 및 이해에 맞는 방식으로 제품을 설계할 수 있다.

이처럼 중요한 카테고리 설정에서 올바른 카테고리인지 어떻게 알 수 있을까? 가장 간단한 방법이 있다. 잠재 고객과 만나 대화하고 의견을 경청하는 것이다. 무엇을 하고 싶은지 설명하고 잠재 고객이 제품을 어떻게 분류하고 무엇과 비교할지 경청하자. 그 안에 원하는 답이 있다.

EPF의 다음 항목 [E]는 프로덕트의 주요 이점을 기술한다. EPF의 첫 번째 항목 [B]는 고객 요청 사항이나 문제점을 찾아 적었다. 고객의 요청 사항은 제품 기능과 다르다. 제품 기능은 제품이 할 수 있는 일, 즉 제품 사양이다. 고객의 요청 사항이나 문제점은 제품이 사용자를 위해 만든 기능으로 요청 사항을 해결하는 것을 의미한다. 고객은 프로덕트 '기능'을 구매하는 것이 아니다. 기능을 통해 얻을 수 있는 '이점'을 구매하는 것이다. 기능을 설계하고 개발하기 전에 프로덕트가 만들어낼 수 있는 이점을 명확히 해야 한다.

EPF의 마지막 항목은 경쟁 [F]와 단일 차별화 요소 [G]에 관한 것이다. 먼저 경쟁 업체를 식별해야 한다. 동일한 환경에서 유사한 제품이나 기업을 식별하는 것은 간단해 보이지만 올바른 접근 방식을 취하지 않으면 몇 가지 중요한 점을 놓치기 쉽다. PM은 직접 경쟁자뿐만 아닌 간접 경쟁자, 잠재 경쟁자, 대체 경쟁자 대안을 포함하는 차별화 전략을 구사해야 한다. 모든 비교 분석 결과가 고객이 채택하는 결정에 반영된다. 즉 대상 사용자는 유사한 혜택을 제공하는 다른 제품보다 내 제품에 어떤 이점이 있는지 비교한다. 비용이나 특정 기능을 비교할 수 있다. 경쟁 제품에 이길 수 있는 매력적인 제품을 구축하려면 대상 사용자가 제품을 어떻게 사용하는지 절대적인 이해가 필요하다. 또한, 사고의 관점이 PM이 아닌 고객 관점이어야 한다. PM에게 의미 있는 목록을 작성하는 대신 고객이 옵션으로 고려할 사항이 무엇인지 찾아야 한다.

고객이 우리 제품에 고유하다고 생각하기를 바라는 단 한 가지를 차별화 요소로 한다. '킬러 기능killer feature'이다. 고객은 다양한 경쟁 제품을 고려하고 그중에서 최종 선택을 한다. 일부는 유사한 이점을 제공할 수도 있다. 이점을 제공하는 제품이 많은 상황에서 고객은 어떤 제품을 선택할까? 이때 차별화가 필요하다. 그렇다고 차별화 요소가 반드시 제품에서 가장 중요한 기능일 필요는 없다. 고객이 관심을 가지는 기능을 눈에 띄게 하는 것이 중요하다.

좋은 차별화 요소는 어떻게 찾아낼 수 있을까? 경쟁 업체가 무엇을 하는지 항상 눈여겨보는 것이다. 경쟁사 웹사이트를 읽고 애플리케이션을 테스트하고 마케팅 메시지를 검토하고, 가장 쉽게 선택할 수 있는 차별화 전략인 가격을 결정하기 전에 경쟁자의 약점을 찾아낸다. UI, 퍼포먼스, 보안 문제 등 약점을 찾아내고 그것에 집중하면 차별화 요소가 보이기 시작한다.

아마존 웹 서비스Amazon Web Services(AWS)와 넷플릭스의 초기 EPF는 어떻게 작성됐는지 살펴보자. AWS는 인프라스트럭처infrastructure 비용에 고심하는 성장하는 기업을 대상으로 매우 유연한 호스팅 서비스를 한다는 사실을 강조한다. 경쟁 대상은 구글과 마이크로소프트의 제품이다.

aws ELEVATOR PITCH FRAMEWORK

For *[growing companies]*
who *[need to control infrastructure costs as they grow],*
[AWS] **is a** *[cloud hosting service]* **that** *[is highly flexible].*
Unlike *[Google Cloud or Microsoft Azure]*, **the product** *[complete portfolio of Cloud services].*

그림 4-8 AWS의 EPF

넷플릭스는 원하는 사용자에게 온디맨드$^{on\ demand}$ 환경을 제공해 원활한 스트리밍 서비스가 가능한 구독형 모델로 강조한다. 디즈니+와 프라임 비디오가 당시 갖추지 못했던 오리지널 콘텐츠가 경쟁 무기다.

NETFLIX ELEVATOR PITCH FRAMEWORK

For *[the modernized people with connection]*
who *[enjoy on-demand entertainment],*
[Netflix] is a *[subscription-based on-demand streaming service]* that *[works very seamlessly].*
Unlike *[Disney+ or Amazon Prime Video]*, the product
[releases original contents for better addiction].

그림 4-9 넷플릭스의 EPF

EPF는 크게 여섯 개 파트로 나눠 기술한다. 처음은 고객 세분화를 하는 부분이다. 인구통계학적 범주를 대상으로 하거나 지리적 위치를 타기팅할 수도 있다. 혹은 정서적 세분화인 사이코그래픽을 사용할 수도 있다. 기업이라면 규모나 산업별로 나눌 수 있다. 두 번째는 고객의 니즈, 필요성, 솔루션이 필요한 문제 등을 기술한다. 세 번째 시장 구분은 카테고리 구분과 비교해 찾아낸다. 네 번째 이점 부분에서는 기능이 아닌 어떤 가치를 전달하는지 기술한다. 나머지 부분은 경쟁자에 및 차별화 전략을 기술한다.

엘리베이터 피치 프레임워크

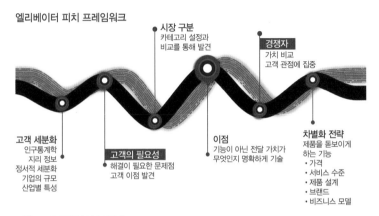

그림 4-10 EPF 구성 6단계

모두 마치면 프로덕트 전략을 짧게 요약한 엘리베이터 피치가 완성된다.

4.7 로드맵

애자일의 요점은 아직 보이지 않는 먼 목표에 집착하지 않는 것이다. 그래야 새로운 정보가 도착했을 때 유연하게 경로를 조정할 수 있다. 하지만 이해관계자는 진행 상황을 측정하거나 의견을 제시할 수 있는 무언가를 원한다. 이것을 로드맵이라고 부른다. 기술이 매일 발전하고 빠르게 변화해야 하는 애자일 조직에서는 어제의 로드맵을 지키는 것이 어렵고 그 의미도 시시각각 변한다. 그러나 조정 및 수정 기능을 잃지 않으면서도 이해관계자에게 편안하게 통제감과 진척도를 제공할 수 있는 로드맵은 분명 가치가 있다.

4.7.1 로드맵은 왜 필요한가?

기업이나 조직의 주요 이해관계자, 즉 스테이크홀더stakeholder를 찾아내 정보를 수집하고 전략을 지원할 체제를 구축할 시간이다. 강력한 실행 방법으로 설정한 전략을 확인하고 보완해야 한다. 보완하려면 프로덕트 로드맵을 만들어야 한다. 프로덕트 로드맵은 비즈니스 목표와 프로덕트 전략을 지원하고 프로덕트 개발을 가시화한다. 실행 결정을 내리고 중요한 질문에 답하는 핵심 요소가 된다.

경험할 수 있는 가장 큰 혼란 중 하나는 프로덕트 로드맵을 개발 팀에서 사용하는 릴리스 플랜과 헷갈린다는 점이다. 릴리스 플랜은 프로덕트 로드맵 안의 한 부분일 수는 있지만 전체 로드맵을 말할 수는 없다. 또한, 새로운 기능뿐만 아니라 버그 픽스^{bug fix}나 유지 보수 릴리스도 포함돼 전체적인 프로덕트 로드맵과는 차이가 있다.

필자는 실제로 프로덕트 로드맵이 기업의 사업 구조에 큰 영향을 미치고 올바르게 설계됐을 때만 프로덕트가 성공한다는 것을 경험했다. 이를 이해하려면 프로덕트의 개발 범위를 넘어 프로덕트를 비즈니스 관점으로 범위를 넓혀 생각해야 한다. 프로덕트 로드맵은 프로덕트와 관련된 모든 이해관계자가 업무 계획을 조정하는 데 필요한 정보를 제공하는 장기 프로덕트 개발 계획이다. 프로덕트의 모든 이해관계자가 자신의 미래 업무 활동을 계획하고 조정할 수 있다는 것은 기업에서 매우 중요한 일이다. 이는 프로덕트 로드맵이 프로덕트 개발 프로세스에 예측 가능성을 제공해 조직을 정렬시킨다는 것을 의미한다.

4.7.2 프로덕트 이해관계자

프로덕트 개발의 영향을 받게 될 조직 내부 및 외부의 다양한 프로덕트 이해관계자는 누구일까?

첫째, 무엇보다 중요한 고객(사용자)이다. 일반 사용자보다는 기업이나 정부 같은 고객에게 제품을 릴리스하는 B2B 고객은 새롭고 빠르게 변화하는 업계 동향에 따라 구매 및 시스템 구현 결정을 내리는 데 도움이 되는 프로덕트 로드맵에 관심이 많다.

둘째, 영업, 마케팅, 고객 지원이나 GTM 같은 고객 대면 그룹이다. 프로덕트 로드맵을 사용해 문서 및 교육 자료를 미리 개발한다. 이런 작업에는 약간의 리드 타임$^{lead time}$, 즉 준비 시간이 필요하다.

셋째, 프로덕트 로드맵으로 미래 수익 및 비용을 추정하고 재정 투자, 고용 계획을 포함해 팀에 할당할 리소스 수준을 결정하는 투자자, 이사회 또는 경영진이 될 수 있다.

넷째, 프로덕트 개발 팀에 있는 아키텍트, 엔지니어 및 디자이너다. 프로덕트 로드맵에서 제공하는 계획에 따라 제품 출시 계획을 만든다. 장기 계획이 없으면 단편적인 설계가 돼 예상하지 못한 문제가 발생할 수 있다.

이 밖에도 미디어와 커뮤니케이션하는 PR 팀이나 커뮤니케이션 팀, 고용 계획을 변경해야 할 수 있는 인사 팀이나 계약서를 발행하고 자금 흐름을 체크하는 재무 팀, 여러 법률 검토가 필요한 법무 팀 역시 이해관계자 그룹에서는 중요하다.

4.7.3 로드맵 템플릿

좋은 프로덕트 로드맵을 상상하면서 얼마나 멋질까 할 수 있다. 하지만 현실은 좋은 프로덕트 로드맵이란 없다.

모든 조직에서 완벽하게 작동하는 하나의 형식은 없다. 조직마다 다양한 개발 프로세스, 판매 주기 및 의사 결정 프로세스가 있다. 초기 단계의 스타트업 소규모 팀에서는 거창한 프레젠테이션 슬라이드보다 당장 다음 주에 출시해야 할 우선순위 목록이 담긴 화이트보드의 메모가 프로덕트 로드맵 역할을 할 수 있다. 성숙한 제품이 있는 대규모 조직이라면 각 프로젝트의 상세한 제품 전략과 기능 분석이 포함된 긴 슬라이드가 필요할 수 있다.

주요 이해관계자에게 승인받고 지원을 약속받는 것보다 중요한 문서 형식은 없다. 세상에서 가장 아름다운 프로덕트 로드맵도 이해관계자가 동의하지 않는다면 가치 없는 것이 된다. 로드맵 목적은 고객을 포함한 각 프로덕트 이해관계자가 해당 프로덕트 개발 계획을 중심으로 업무를 조정할 수 있도록 '정렬'하게 하는 것이다. 각 마일스톤은 비즈니스에 상당한 영향을 미칠 의미 있는 새로운 기능 세트가 포함된 패키지 형태여야 한다. 일반적인 로드맵 모양은 x축을 따라 기간을 표시하고 왼쪽의 y축을 따라 다양한 프로덕트나 기능 세트를 보여준다. 그다음 그리드 전체에 걸쳐 각 프로덕트에 대한 향후 마일스톤을 표시한다. 마일스톤은 릴리스 날짜에 배치된 텍스트 상자로 표시하거나 팀에서 작업할 기간에 해당하는 긴 가로 막대로 표시한다(그림 4-11).

그림 4-11 로드맵 예

여기서 강조하는 것은 '새로운 기능이 포함된 패키지 형태'라는 것이다. 개발 조직에서 사용하는 릴리스 플랜과 다른 점이다. 로드맵에는 '모바일 버전 지원'이라는 패키지 형태의 항목이 존재하지만 릴리스 플랜에는 모바일 버전을 지원하기 위해 수많은 기능과 설계 항목이 들어가며 각 기능에 따른 빌드 계획이 존재한다. 프로덕트 로드맵은 복잡한 문서가 아니다. 오히려 조직의 모든 사람이 혼란 없이 쉽게 이해할 수 있도록 만들어야 한다.

로드맵 템플릿을 매우 단순화하면 [그림 4-12]와 같다.

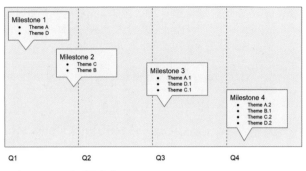

그림 4-12 로드맵 템플릿 예

하나하나의 기능이 아닌 비즈니스 목표에 영향을 끼칠 기능 조합을 함께 묶은 패키지 형태로 특정 시기에 릴리스한다는 계획서가 바로 로드맵이다.

4.7.4 프로덕트 로드맵 vs. 프로덕트 백로그

애자일 제품개발 팀과 함께 일하면 프로덕트 백로그를 접할 수 있다. 프로덕트 백로그는 제품 개발 작업의 우선순위를 정해놓은 리스트 집합이다. 프로덕트 백로그가 있는 경우 백로그를 로드맵으로 사용할 수 있는지 궁금할 수 있다. 로드맵과 마찬가지로 백로그에는 개발 팀이 앞으로 하고자 하는 다양한 프로젝트가 포함된다. 여기에서 중요한 점이 있다. 프로덕트 로드맵은 프로덕트 이해관계자가 자체 계획을 조정하는 데 필요한 정보를 제공한다는 점이다. 백로그도 로드맵처럼 정보를 제공할까? 제품 백로그의 릴리스가 마케팅 그룹의 업무에 직접적인 영향을 미칠까? 그렇지 않다. 프로덕트 백로그는 개발 프로세스에 초점을 맞췄을 뿐이다.

고객, 마케팅 그룹, 재무 그룹 같은 이해관계자는 새로운 고객, 새로운 마케팅 활동 또는 새로운 수익을 가져올 마일스톤에 관심이 있다. 마일스톤은 로드맵에서 고객에게 제공하는 제품의 출시 시기를 말한다. 반면 제품 백로그는 사용자 스토리나 버그 같은 작은 작업으로 가득 차 있다. 백로그는 개발 프로세스 내에서 예상 릴리스 날짜를 제공하기 위한 것이다. 또한, 백로그는 버그, 제품 유지 관리 작업, 엔지니어링 중심 작업 등 다양한 유형의 항목이 포함되지만 프로덕트 로드맵에는 새로운 기능만 포함된다.

여기까지 이해했는가? 그렇다면 흥미로운 질문을 할 수 있다. 백로그에 있는 특정 기능은 아직 스프린트에 포함되지 않았는데 어떻게 제품 마일스톤 날짜를 정할 수 있을까?

대부분 조직에는 로드맵이 작동하는 방법이 있다. 제품 개발 리더가 하향식 추정 방법으로 로드맵에서 제품 마일스톤의 날짜를 추정한다. 100% 정확한 추정은 아니다. 각 기능에 초점을 맞추기보다는 전체 패키지 개념에 초점을 맞추는 것이다. 이 같은 접근 방식은 다양한 제품 이해관계자 간 조정이 가능하다. 여러 번 사용하면 결국 프로덕트 로드맵이 백로그를 지시하게 된다. 이는 제품개발 팀의 활동이 회사 전체의 요구 및 목표와 일치하는지 확인하는 주요 방법이 된다.

표 4-2 프로덕트 로드맵과 백로그 비교

프로덕트 로드맵	프로덕트 백로그
모든 이해관계자와의 정렬	개발 프로세스에 초점
제품이 고객에게 제공하는 마일스톤에 관심	예상 릴리스 날짜 제공
새로운 기능만 포함	사용자 스토리, 버그 수정, 유지 보수

4.7.5 로드맵 목적과 성공 및 실패 이유

프로덕트 로드맵을 중심으로 주요 이해관계자를 정렬해야 하는 중요한 이유를 알아보자. 먼저 제품 개발 목적을 보자.

- 비즈니스에 집중하고

- 전체적인 전략을 지원함으로써 고객을 확보하고

- 궁극적으로 수익을 확보함으로써 지속 가능한 가치를 생산해내는 일

이 같은 목적을 가졌기에 항상 영업, 마케팅, 고객 지원 등을 포함해 회사의 다양한 기능 그룹이 모두 함께 움직여야 한다. 하나라도 참여하지 않고 역할을 수행하지 않으면 제품 계획에 큰 차질이 생긴다. 때로는 다양한 이해관계자와 협상하고 정렬을 구축하는 데 필요한 회의가 불필요하게 보일 수 있지만 그만한 가치가 있는 일이다. PM으로서 제품을 성공시키려면 협상과 정렬은 가장 중요한 덕목 중 하나다. 이해관계자와의 정렬 자체가 실제 로드맵 목표라는 사실을 잊지 말자.

프로덕트 로드맵이 성공하려면 다음의 세 가지 요소가 반드시 필요하다.

- 건전하고 성취 가능한 비즈니스 목표와 프로덕트 전략을 기반으로 해야 한다.
- 현실적이어야 한다.
- 주요 프로덕트 이해관계자가 지원해야 한다.

프로덕트 로드맵이 실패하는 이유를 보면 항상 세 가지 요소 중 하나가 빠져 있다. 필자가 경험했던 프로덕트 로드맵은 누군가 해당 프로세스를 단축하려고 하면서 이해관계자와의 정렬이 모두 어그러졌기 때문에 실패했다.

많은 조직에는 비즈니스 미래에 깊은 관심을 갖고 시장을 매우 잘 알고 있으며 다음에 구축해야 할 것이 무엇인지 정확히 안다고 생각하는 강력하고 설득력 있는 리더가 있다. CEO, 영업 리더, CTO 혹은 프로덕트 리더일 수도 있다. PM의 주도로 완성되던 프로덕트 로드맵은 리더가 직관이나 지위, 권한 등을 행하면서 전체 로드맵에 변경을 가하는 일이 흔히 일어난다. 훌륭한 PM을 꿈꾼다면 리더의 직관이 좋더라도 로드맵 변경을 지시하지 않도록 하는 것이 매우 중요하다. 이를 해결하는 세 가지 방법이 있다.

첫째, 리더의 에너지를 성공적인 로드맵으로 변환시킬 수 있는 프로세스에 집중한다. 리더 의견이나 제안이 통과하고 승인받을 수 있는 프로세스를 만들어야 한다.

둘째, 리더의 직관이 잘못됐을 수 있다는 가정과 의심을 멈추지 않는다. 시장에 대한 잘못된 가정을 기반으로 하거나 개인적인 인사이트는 비현실적인 로드맵으로 끝날 수 있다. 해당 의견을 갖게 된 배경을 들어보거나 많은 조사를 해 의견의 정당성을 꼼꼼하게 따져본다.

셋째, 리더와 시간을 보내고 아이디어를 묻고 의견을 말한다. 다른 그룹의 리더와 이해관계자가 의사 결정 과정에 참여하지 않으면 조정이 결여될 수 있다. 일부는 프로세스에 참여하지 않거나 더 나쁘게는 적극적으로 악화시키려고 하기도 한다. 이때는 로드맵 프로세스를 시작할 때 리더와 시간을 보내며 로드맵과 개발 프로젝트 아이디어를 묻는다. 시장과 고객에 대한 귀중한 지식을 가졌을 가능성이 높다. 의견을 충분히 듣고 다른 이해관계자를 프로세스에 포함시키는 것의 중요성을 설명한다. 모든 이해관계자의 의견이 통합되면 이해관계자가 정렬되고 프로덕트 로드맵을 적극적으로 지원할 가능성이 더 높다는 것을 명확히 알린다. 프로덕트 로드맵에서 개발 시간을 예측하고 고객과 커뮤니케이션하는 것이 중요하다는 사실 또한 반복해서 알린다.

4.7.6 마일스톤 만들기

마일스톤을 만들기 위한 준비 시간이다. 만들기 위한 재료, 즉 마일스톤 레시피를 'LOE^{level of effort}'라고 한다. 각 프로덕트 마일스톤을 완료하는 데 필요한 LOE를 추정한다. LOE를 넣으면 현실적인 날짜를 입력하는 데 도움이 된다.

로드맵에서 가장 큰 영향력을 가지는 것은 개발 능력^{development capacity}(DC)

이다. 해당 수치에 따라 모든 이해관계자의 일정이 조정되고 정렬된다. 첫 번째로 할 일은 프로덕트 개발 리더와 협업하는 것이다. 팀의 개발 능력, 즉 DC에 대한 현실적인 추정이 필요하다. 일반적으로 개발자 시간 단위로 측정한다. 프로덕트 개발 팀은 새로운 기능을 구축하는 것 외에도 많은 일을 한다. 버그 수정이나 프로덕트 유지 관리, 다른 프로젝트에 시간을 보내기도 한다. 프로덕트 개발 리더에게 팀이 현재 여기에 소비하는 시간을 추정해달라고 요청한다. 전체 용량을 기준으로 한다. 버그 수정에 30%, 프로덕트 유지 관리에 20%, 엔지니어링 중심 프로젝트에 10%를 사용하는 경우, 소요된 시간을 제거하면 전체의 40%가 로드맵에 투입될 수 있는 용량이 된다.

다음으로 프로덕트 개발 리더와 해야 할 일은 각 마일스톤에 소요될 개발 시간을 추정하는 것이다. 스프레드시트에 해당 정보를 기록하는 것이 좋다. 마일스톤은 일반적인 백로그 작업보다 훨씬 더 크고 복잡하다. 프로덕트 개발 리더가 가장 먼저 범위를 추정하는 것이 상당히 어렵다. 시도하는 것을 꺼릴 수도 있다. PM은 개발 리더에게 추정치를 약속받는 것이 아니라 최선의 추측을 요청하고 있다는 점을 주지시킨다. 혹은 문서 상단의 숫자는 시간 추정치일 뿐이며 변경될 수 있다는 사실을 공유하는 모든 이해관계자에게 상기시키는 것이 좋다. 범위를 지정한 후 일부 마일스톤이 너무 작으면 개별적으로 로드맵에 나열하기보다 전략의 일부 요소를 지원하는 더 큰 마일스톤으로 함께 그룹화한다. 반대로 마일스톤이 너무 길어지면 독립성을 가진 작은 마일스톤으로 분해할 수 있는 방법이 있는지 확인한다. 이 단계를 마치면 현실적인 마일스톤이 포함된 프로덕트 로드맵을 구축하는 첫 번째 단계가 완성된다.

4.7.7 로드맵 만들기

첫 번째 프로덕트 로드맵 버전을 구축할 시간이다. 아직 초안이며 모든 이해관계자의 승인을 받기까지 계속 변경될 가능성이 높다. '허수아비 strawman' 버전이라고도 한다. 회의는 자료 없이 말로만 하면 주제 범위가 모호해지지만 대화를 시작할 구체적인 참고 버전이 있으면 더욱 생산적인 토론을 할 수 있다. 회의의 집중과 효율을 위해 PM은 로드맵의 초안을 준비해야 한다.

첫 번째로 할 일은 프로덕트 전략을 지원하는 가치가 높은 패키지 순서대로 마일스톤 순서를 지정하는 것이다. 한 번에 하나씩 살펴보고 각각의 전략적 근거를 기억하면서 우선순위를 지정한다. 다음 단계는 마일스톤을 로드맵에 등록한다. 로드맵이 확정되지 않은 상태이므로 '예약한다'라는 표현을 사용한다. 우선순위가 가장 높은 첫 번째 마일스톤을 보면서 프로덕트 개발 리더가 제공한 LOE와 팀의 DC를 활용해 언제 제공될 것인지 파악한다. 예를 들어 특정 마일스톤 M1에 20주 정도의 개발 리소스가 필요한 상황이라 가정하자. 담당 개발 팀 A가 매주 새로운 개발을 위해 5주의 개발자 가용 능력이 있는 경우 지금 바로 M1 업무를 시작하면 M1은 4주 후에 완료될 것이라고 가정할 수 있다.

다음으로 우선순위가 두 번째로 높은 마일스톤을 선택한다. 첫 번째 마일스톤이 정시에 완료된다고 가정한 상태에서 같은 방식으로 일정을 잡는다. 실제 개발 팀 프로젝트는 훨씬 더 복잡하다. 대규모 제품 개발 조직에서는 많은 개발 팀이 연관성 있는 제품을 동시에 작업한다. 제품을 중심으로 구성된 경우 각 팀에 별도의 마일스톤이 있을 수 있으며 별도로 일정을 잡아야 한다. 그다음 로드맵 다이어그램에 동일한 수평 시간 축에 설정된 릴리스의 별도 행을 다른 행 위에 추가한다.

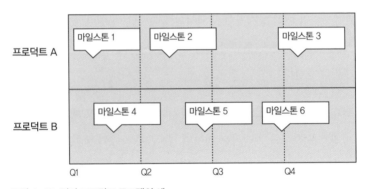

그림 4-13 멀티 프로덕트 로드맵의 예

팀이 기능적으로 구성돼 각 팀이 프런트엔드 팀과 백엔드 팀처럼 서로 다른 시스템 구성요소를 소유하게 되면 의존관계를 확인해야 한다. 일정을 잡는 것이 더 어려워진다. 이 경우 각 팀에 필요한 DC와 LOE를 별도로 파악해 각 팀이 정해진 기간 동안 각 마일스톤을 완료할 수 있도록 가능한 업무량을 배정하고 예약해야 한다.

4.7.8 프로덕트 로드맵 미팅

로드맵을 만들고 난 후에는 모든 이해관계자와 로드맵 미팅을 한다. 미팅을 시작하기 전 반드시 체크해야 할 두 가지 포인트가 있다.

첫째, '로드맵이 정해진 제품 전략을 구현하는 데 충분한가'를 체크해야 한다. 의문이 생긴다면 이해관계자 정렬은 매우 힘들어진다. 다시 처음으로 돌아가 로드맵을 작성한다.

둘째, '현재 가진 DC가 바르게 적용된 것인가'를 체크해야 한다. 모든 로드맵의 기초는 개발 팀의 생산 능력에 기반을 둔다. 기본이 잘못되면 모든 일정과 로드맵은 의미 없어진다.

이해관계자와 함께 로드맵을 검토하고 승인할 준비가 됐다면 이제 회의를 할 차례다. '프로덕트 로드맵 미팅'이라고 한다. 전체 프로세스에서 가장 중요한 단계다. 프로덕트 로드맵의 목적은 문서 자체가 아니라 로드맵이 나타내는 개발 계획을 중심으로 다양한 제품 이해관계자를 정렬하는 것이라는 사실을 기억하자. 회의 진행은 PM 역할이다. 회의를 시작할 때 모든 이해관계자가 제품과 로드맵을 완전히 지원한다는 목표를 명확히 설명한다.

첫 번째 의제로 이미 결정된 제품 전략을 빠르게 리뷰한다. 제품 전략은 모든 로드맵의 기본이며 설계 전략을 구현하는 데 반드시 필요하다는 것을 설명한다. 이때 다시 한번 이해관계자가 정렬됐는지 확인하는 것이 중요하다. 팀이 전략에 맞춰져 있지 않다면 로드맵을 논의하는 것은 무의미하다.

두 번째 의제로 팀의 개발 역량을 리뷰한다. 개발 리더에게 팀의 DC를 설명하고 버그 수정 및 엔지니어링 주도 프로젝트 같은 신제품 개발 외 일에는 시간을 어떻게 사용할지 설명을 요구한다.

세 번째 의제로 초기 버전의 로드맵을 리뷰한다. 각 마일스톤을 한 번에 하나씩 제시하고 각각 어떤 전략적 목표와 연결됐는지 설명한다. 각 마일스톤에는 관련된 개발 시간 추정치가 있으며 로드맵 릴리스는 현재 허용된 리소스에 맞춰 설계됐음을 주지시킨다.

네 번째 의제는 중간 체크포인트다. 이 시점까지 모두 동의하는지 혹은 이해했던 바와 달라진 점이 있는지 확인한다. 이 단계에서는 로드맵에 대한 다양한 의견을 듣는 것이 중요하다. 모든 이해관계자를 존중한다는 것과 이해관계자가 생각하는 중요한 문제를 표면화하는 방법이다. 수정이 필요하다고 판단되는 중요 문제는 모든 이해관계자가 볼 수 있도록 회의에서 직접 로드맵을 수정해 오해를 줄이고 수정된 로드맵에 합의하도록 한다. 이때 각 이해관계자에게는 한 팀으로서 제품 성공을 가장 최우선에 둬야 한다는 것을 다시 한번 강조한다.

결정과 승인이 나면 로드맵이 정렬됐다는 것을 선언하고 해당 내용을 커뮤니케이션한다.

CHAPTER 5

PM의 일상 업무

5.1 와이어프레임, 프로토타입, 목업

기업이나 조직이 상대적으로 커서 PM과 PO 업무가 나눠져 있다면 와이어프레임wireframe 및 프로토타입prototype, 목업mockup 업무는 주로 PO가 담당한다. 물론 PM과 PO 모두 반드시 알아야 하는 중요한 업무다.

첫 번째로 살펴볼 업무는 '와이어프레임'이다. 단어 뜻을 살펴보면 '철골 구조물'이다. 훌륭한 프로덕트를 만들고 싶다면 먼저 개념화해야 한다. 훌륭한 모든 프로덕트는 오랜 시간을 들여 개발 및 유지 보수, 개선 과정을 거친 결과물이다. 어떤 프로덕트도 첫 버전으로 성공할 수는 없다.

와이어프레임은 기본적으로 레이아웃을 구성하는 웹사이트, 웹 애플리케이션 또는 모바일 애플리케이션에 대한 시각적 가이드다. 프로덕트 아이디어를 개념화하거나 전달하려고 할 때 가장 먼저 하는 작업이다. 스케치라고 할 수도 있다. 가장 보편적인 커뮤니케이션 방법이다. 애플리케이션이나 프로덕트 내용이 어디로 갈 것인지 대략적인 구조를 보여준다.

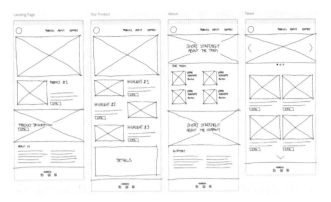

그림 5-1 구조를 보여주는 와이어프레임 ⓒMiro

프로덕트 아이디어나 기능 아이디어가 처음 떠오를 때는 디자인 단계에 있는 것이다. 디자인 단계에서는 모든 것이 확실하지 않다. 기능 아이디어는 여기저기 흩어져 있고 그 안에 무엇이 들어갈지 정확히 알지 못한다. 매우 추상적이며 무정형이다. 와이어프레임은 머릿속에 있는 정보와 지금까지 말로만 전달된 정보를 명확하고 정확한 정보로 연결하는 첫 번째 단계다. 프로덕트 아이디어의 첫 번째 해석이다.

특히 와이어프레임을 시작할 때 '낮은 충실도'라는 '로 피델리티low fidelity 와이어프레임'으로 시작한다. 정확하지 않거나 세부 사항이 많지 않다는 것을 의미한다. 이 버전은 매우 기본적이며 빠르게 생성되고 광범위한 개념을 테스트한다. 또한, 구축하려는 것에 대한 전반적인 비전을 정의하기 위한 것이다. 굉장히 러프한 버전이다. 사용자 조사를 수행하고 내부적으로 일부 피드백을 수집하며 잠재 사용자에게 피드백을 받은 후 시간이 지남에 따라 천천히 프로덕트 형태를 정의한다. 이는 프로덕트가 무엇을 하고 어떻게 하며 어떤 모습인지 이해하기 시작한다는 의미다. 프로덕트 팀은 와이어프레임과 함께 반복 검증 프로세스를 가동해 다양한 피드백을 수집하고 충실도^{fidelity}를 추가하면서 실제 모형에 더 많은 세부 사항을 추가한다.

와이어프레임은 누가 작성할까? 회사에 따라 다르다. 스타트업 같은 소규모 팀에 속했다면 PM이나 PO 역할이다. 작은 팀이기에 많은 종류의 역할이 필요하다. 그중 하나로 와이어프레임 작업이 필요할 수 있다.

이때 잊지 말아야 하는 중요한 사실이 있다. PM으로서 가장 중요한 것은 복잡한 기능이 포함된 프로덕트 아이디어를 더욱 효과적으로 전달하는 방법을 알아야 하며 가장 대중적인 방법이 와이어프레임이지만 UX 전문가가 될 필요는 없다는 점이다. PM은 와이어프레임과 관련 없다는 의미가 아니다. 기업 규모나 프로덕트 크기와 상관없이 PM이나 PO는 와이어프레임에 익숙해져야 한다. 중요한 프로덕트 아이디어를 개념화하는 일은 디자이너가 아닌 PM의 고유 영역이다. 개념화 과정에서 디자이너의 손을 빌릴 수 있다는 의미다. 단지 UX 기술로 완벽하게 구현할 필요까지는 없지만 때에 따라서는 프로덕트 아이디어를 다른 사람의 리소스를 사용하지 않고 직접 스케치해야 할 수도 있다.

두 번째로 살펴볼 업무는 '목업'이다. 모형을 의미한다. 앞서 와이어프레임은 프로덕트 아이디어를 개념화하거나 전달하려는 경우 시작점이자 가장 쉽고 빠르게 하는 보편적인 커뮤니케이션 방법이다. 목업은 최종 프로덕트가 실제로는 시각적으로 어떻게 보여야 하는지에 대한 정적 디스플레이다.

그림 5-2 정적 디스플레이를 표현하는 목업 ⓒBehance

목업은 색상, 타이포그래피, 즉 폰트 및 스타일 같은 룩 앤드 필^{look and feel}
을 결정할 수 있는 기회를 제공하고자 사용한다. 동일한 버전의 와이어
프레임에 시각적 표현을 채운다고 생각하면 쉽게 이해할 수 있다. 색상
및 버튼 모양, 사진을 추가한다. 모두 와이어프레임 구조를 기본으로 하
되 디자이너 결정에 따라 변경할 수 있다. 목업은 PM이 아닌 시각적 디
테일을 담당하는 디자이너가 수행한다.

'프로토타입'은 목업으로 만들어진 스태틱 디스플레이^{static display}, 즉 정적
화면에 인터랙션^{interaction}(상호작용)을 추가한 형태를 말한다. 와이어프레
임이 구조를 처리하고 목업이 시각적 개체를 처리한다면 프로토타입은
사용성을 처리한다. 사용성을 처리하려면 화면 간 이동인 인터랙션이 필
요하다. 프로토타이핑은 매우 제한된 상태이지만 자신이 만든 것을 실제
로 가지고 놀 수 있는 첫 번째 단계다.

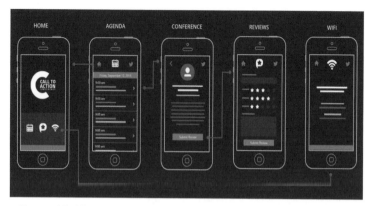

그림 5-3 사용성을 보여주는 프로토타입 ⓒ Unbounce

프로토타입을 사용하면 함께 만든 UI 테스트, 사용자 흐름에서 잠재적
문제 찾기, 예상 동작에 대한 아이디어를 얻을 수 있다. PM이 사용성 연
구나 지표를 세울 때 프로토타입은 필수 업무다.

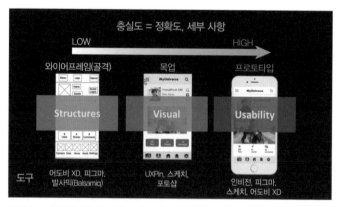

그림 5-4 와이어프레임, 목업, 프로토타입 역할

5.2 프로덕트 백로그, 에픽, 사용자 스토리

PM은 시장조사, 기존 제품의 사용 데이터 연구, 마케팅 세일즈 팀 및 고객과 대화 같은 전략적 계획에 많은 시간을 할애한다. 그 후 PM은 학습한 내용을 전략 계획과 프로덕트 로드맵으로 변환하고 위닝 플랜을 짠다. PM이 성공적으로 제품을 시장에 출시하려면 계획 및 목표를 업무의 태스크 단위로 세분화한다. 이것이 백로그라는 이름으로 만들어진다. 팀을 위해 실행할 수 있는 항목의 우선순위 목록도 제공한다.

프로덕트 백로그는 프로덕트 릴리스 플랜을 지원하는 데 필요한 작업 목록이다. 프로덕트 백로그에는 제품을 완성하는 데 고려하는 모든 잠재적 항목이 포함된다. 사소한 수정부터 주요 기능 추가까지 모든 영역을 포함한다. 일부 백로그 항목은 다음 스프린트에 선택돼 스프린트 백로그로 들어가며 티켓으로 관리된다. 혹은 에픽epic 형태로 선택된 후 다시 스프린트에 선택될 수도 있다. 이 밖의 것들은 우선순위가 할당돼 선택될 때까지 대기열에 남게 된다. 범용 저장소인 프로덕트 백로그는 미래에 제품이 무엇을 추가하거나 변경할 수 있는지에 대한 모든 가능성을 담고 있다. 새로운 백로그는 경쟁자 움직임, 사용자 요청, 시장 피드백으로 계속 추가되고 스프린트로 옮겨진다.

이제 에픽을 알아보자.

그림 5-5 장편 대서사시 '일리아스' © eng–literature.com

참으로 면목이 없소, 모두가 내 잘못이오. 아킬레스는 제우스신께서
총애하시는 훌륭한 용사였소. 제우스신께서 돌보는 용사 한 사람은
백사람, 천사람보다 강하다는 것을 내가 미처 생각지 못했소.
아킬레스가 없는 동안 내내 패전을 거듭한 것도
제우스신의 지시였는지 모르니 좌우간 내가 사과를 하겠소.[1]

학생 때 서사시의 대표작이라고 배웠던 호메로스의 '일리아스' 중 한 대
목이다. '서사시'의 원어가 에픽이다. 서사시가 다양한 인물의 이야기를
일정한 배경에서 객관적으로 서술한다는 의미라고 이해한다면 에픽 또
한 쉽게 이해할 수 있다.

예를 들어 목표가 올해 매출 10%, 신규 사용자 5% 증가 같은 지표로 설
정되면 프로덕트 리더십 팀은 목표를 달성하고자 이니셔티브[initiative]를 시

---

1   「일리아드」 (남벽수, 2014)

작한다. 이를 큰 기능 테마라고 한다. 백엔드 서버 성능 20% 향상, 모바일 사용자에 집중, 전체 디자인 시스템 변경 등도 목표가 될 수 있다. 이렇게 결정된 여러 기능 테마를 묶어 사용자에게 특정 날짜나 특정 기간에 배포하는 과정이 릴리스다. 릴리스에는 각 기능 테마가 존재하는데 프로덕트 매니지먼트 세계에서는 에픽이라고 한다. 즉 에픽은 만들고자 하는 하나 이상의 프로덕트 기능을 포함한 그룹이다.

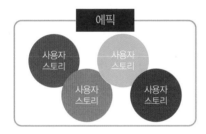

그림 5-6 에픽 구성

기능이 아닌 에픽이라고 표현하는 이유는 프로덕트 팀에서 실행하는 모든 일이 사용자에게 새로운 기능을 제공하는 것은 아니기 때문이다. 예를 들어보자. 백엔드 서버의 성능을 20% 향상시키겠다는 에픽에는 수없이 많은 기능이 연관됐다. 프런트엔드의 UX를 개선하는 것도 백엔드 서버의 성능 향상에 도움이 된다. 이 부분은 기능으로 사용자에게 보여질 수 있다. 그러나 정보를 저장하는 데이터베이스 구조를 변경하고 커넥티비티 라이브러리를 변경하고 소스 코드를 최적화하는 과정은 최종 사용자가 전혀 확인할 수 없는 부분이다.

또한, 에픽은 구축하는 데 한 번의 스프린트보다 더 오래 걸리는 작업이다. 구축하고 싶은 작은 것이 있고 한 번의 스프린트에서 끝날 수 있다면 에픽이 필요하지 않다. '사용자 스토리'만 있으면 된다. 에픽은 사용자 스토리보다 상위 개념으로 그 안에 여러 기능 요청 사항과 사용자 스토리가 포함됐다. 사용자 스토리는 구축하려는 기능을 최종 사용자에게 설명하는 방법이다.

이제 프로덕트 백로그, 에픽, 사용자 스토리가 어떻게 엔지니어에게 전달되고 작업으로 전환하는지 알아보겠다. 먼저 엔지니어가 작업을 시작할 수 있도록 백로그를 지라Jira 같은 프로젝트 매니지먼트 소프트웨어에 넣는다. 이때 사용자 스토리와 판정 기준이 필요하다.

사용자 스토리는 '[고객/사용자] 입장에서 나는 이러한 [필요, 욕구, 이익]을 위해서 [행동, 행위]하기를 원합니다'라는 형식을 따른다. 데이터 분석 애플리케이션을 만든다면 '데이터 분석가 입장에서 나는 지난 5년간 데이터를 물품별로 분석하고 싶다. 재고량을 탄력적으로 갖고 갈 수 있다'라는 사용자 스토리를 만들 수 있다. 사용자 스토리는 항상 해당 형식을 따른다. 그 이유는 무엇일까? PM은 '무엇'과 '왜'를 책임지고 엔지니어와 디자이너는 '어떻게'를 책임진다는 설명을 기억하는가? 바로 질문의 답이다.

사용자 스토리를 사용하는 이유는 무엇일까? 다음의 세 가지로 설명할 수 있다.

- (무)의식적으로 '고객/사용자' 입장에서 생각하게 된다.

- 지속적으로 더 '발전된 형태'의 방법과 이유를 찾게 된다.

- 복잡함은 줄이고 실제 '필요함'만 남기게 된다.

이와 같이 PM이 사용자 스토리를 작성하면 기술 수준에서 어떻게 해야 하는지 말하지 않아도 된다. 이 형식으로 작성한다는 것은 엔지니어에게 작업 수행 방법을 알려주는 것이 아니라 사용자로서 기능적으로 어떻게 수행돼야 하는지 알려준다는 의미다.

PM은 사용자 스토리가 완성됐다고 말하기 전에 기능이 의도한 대로 작동하는지 확인해야 한다. 여기에서 판정 기준 혹은 허용 기준, 승인 기준이 필요하다. 판정 기준은 해당 기능이 완전하게 만들어진 것으로 간주되기 위해 충족해야 하는 일련의 조건이다. 기능이 어떻게 작동해야 하는지 매우 구체적으로 설명하는 것이 목적이다.

5.3 속도와 번 다운 차트

소프트웨어 프로젝트를 수행하는 데 걸리는 시간을 추정하는 방법이나 무언가를 구축하는 데 걸리는 시간을 계산하는 방법을 알아보자.

소프트웨어 기능을 구현하는 데 걸리는 시간을 쉽게 이해할 수 있도록 흔히 접하는 일상을 예로 들어보겠다. 이사 때문에 가격 견적을 받는 경우를 생각해보자. 이삿짐 센터에 연락하면 담당 직원이 집에 있는 짐을 훑어보면서 에어컨이나 특별한 처리가 필요한 물건을 살핀다. 경험이 많은 담당자라면 이 같은 일을 상당히 많이 했을 것이다. 다음처럼 이야기할 수 있다. "약 세 명이 짐을 싸는 데 여섯 시간 정도 걸릴 것이고 이동해서 짐을 푸는 데 네 시간 정도 걸립니다."

이사 당일이 되면 담당자의 이야기처럼 진행된다. 무언가를 수없이 경험해본 사람은 같은 종류의 업무 시간을 추정하는 것이 매우 쉽다. 경험이 부족하거나 혹은 이사 가는 집의 구조를 잘 모른다거나 특정 제품의 처리에 관한 특이 사항을 잘 모르면 소요되는 시간 및 비용에 대한 정확한 견적을 제공하는 것이 매우 어렵다. 경험이 부족한 직원이 할 수 있는 최선은 매우 보수적인 추정을 하고 이렇게 말하는 것이다. "대강 3일 정도면 끝나지 않을까 합니다. 진행하면서 더 자세한 것을 알 수 있을 것 같아요."

소프트웨어를 개발할 때 방식과 매우 흡사하다. 엔지니어가 있고 작업하는 시스템, 데이터베이스 및 코드 기반으로 작업하는 항목이 있다. 이 같은 시스템 구성은 기업마다 비슷하다. 엔지니어는 회사의 필요에 따라 다양한 언어와 업무 스타일로 기능을 구현하고 제품을 만들어낸다. 코드는 팀 멤버가 함께 일하면서 발전된다. 소프트웨어 시간 추정이 매우 어려운 이유다.

엔지니어링 백그라운드를 갖지 않은 PM은 엔지니어가 추정하는 예상 일수가 실제와 꽤 큰 차이가 난다며 고민을 털어놓는 경우가 많다. 필자의 경험으로 봤을 때 예상 일수를 터무니없이 부풀리는 엔지니어는 많지 않다. 다만 소프트웨어의 복잡성을 만드는 모든 요소를 다 감안하지 못했을 수 있다. 좀 더 경험적인 방법으로 예상 시간을 정확하게 추정하는 방법이 필요하다. 가장 널리 사용하는 방법이 '벨로시티velocity(속도)'를 알아내는 것이다. 벨로시티는 스크럼 팀의 진행률을 의미한다.

스프린트에서 말하는 것과 직접적으로 연결된다. 2장에서 스크럼과 칸반을 설명했다. 스크럼과 칸반의 가장 큰 차이점은 정해놓은 기간을 타임박스로 관리하는지 여부였다. 속도가 나오려면 시간 기반이 돼야 하며 스크럼의 스프린트와 연결된다. 예를 들어 하나의 스프린트가 있고 스프린트에 다섯 개의 백로그가 할당됐다면 이번 스프린트에서 특정 에픽의 일부인 다섯 개 사용자 스토리를 수행한다.

PM과 엔지니어링 팀은 스프린트를 시작하기 전 스프린트 계획 미팅sprint planning meeting을 한다. PM은 모든 엔지니어에게 일을 하는 데 얼마나 걸리는지 질문하고 어느 정도 시간이 걸리는지 결론에 도달했다. 문제는 시간이 얼마나 걸릴 지 묻는다면 그 값은 부정확하다는 점이다. 좀 더 정확히 시간을 추정하는 방법이 있다. '이것을 하는 것이 얼마나 어려운가?'라는 등급을 만들어 표현하는 것이다. 즉 얼마나 어려운지 숫자로 수량화하는 방법이다. 이를 '스토리 포인트storypoint'라고 한다.

각 스토리에는 엔지니어가 할당한 난이도에 따른 등급 숫자가 있다. 기업과 팀에 따라 각 특성에 맞는 능납제 스토리 포인트를 사용하기도 한다. 1~5까지의 간단한 난이도로 구성하고 피보나치 수열Fibonacci numbers을 사용하는 경우도 있다. 혹은 1~100으로 등급을 나눌 수도 있다. 등급 척도는 중요하지 않다.

스토리 포인트를 가장 간단하게 사용할 수 있는 방법을 설명하겠다. 1, 2, 3, 4, 5 다섯 단계의 등급을 정했다. 5는 가장 어려운 작업이고 1은 가장 쉬운 작업이다. 중요한 것은 일관성 있게 사용해야 한다는 점이다. 각 스프린트가 끝나면 완료한 스토리 포인트의 양을 합산한다. 벨로시티 계산은 완료된 스토리로만 한다. 부분적으로 완료된 작업(예: 코딩만 하고 테스트는 누락된 경우)을 계산하는 것은 엄격히 금지한다. 다섯 개의 사용자 스토리 중 5점이 세 개, 3점과 2점이 각각 하나로 스토리 포인트가 정해졌다. 총 스토리 포인트는 20점이다. 그런데 스프린트가 끝났을 때 5점인 사용자 스토리 하나가 완료되지 못했다는 사실을 알았다. 이번 스프린트에서 취득한 포인트는 15점이 된다. 즉 이번 스프린트의 벨로시티는 15다. 몇 번의 스프린트를 수행하다 보면 스크럼 팀의 벨로시티는 대략적으로 예측 가능하게 된다. 또한, 스크럼에 들어올 프로덕트 백로그의 항목이 완료될 때까지 필요한 시간을 비교적 정확히 추정할 수 있게 된다.

매우 중요한 사실이 있다. 벨로시티는 팀 능력이나 성능을 평가하는 핵심 성과 지표가 아니라 오직 작업을 마치는 시기를 예측하기 위한 도구라는 점이다. 벨로시티 추적의 핵심은 팀이 얼마나 많은 작업을 일관되고 안정적으로 수행할 수 있는지 추정하는 능력을 향상시키는 데 있다.

스토리 포인트가 줄어드는 것을 보여주는 '번 다운 차트 burn down chart'가 있다. 번 다운 차트는 프로젝트가 예정된 로드맵에 따라 제품을 제공할 수 있는지 모니터하는 것이 목적이다. 다음 질문에 답하는 데 도움이 된다.

- 스프린트가 끝날 때쯤 '완료'되는 것인가?
- 현재 사용자 스토리를 딜리버리하는 데 문제가 있는가?

번 다운 차트는 왼쪽 상단에서 시작한다. 개발 팀이 이번 스프린트 기간 중 완료하기로 합의한 총 스토리 포인트 수가 된다. 매일 해당 포인트 중 얼마나 많은 포인트가 완료됐는지 추적할 수 있다. 차트의 오른쪽 하단을 향해 이동하는 점과 선으로 표현한다.

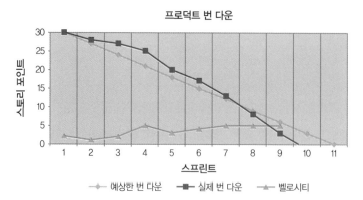

그림 5-7 번 다운 차트 예

[그림 5-7]은 초반 2, 3일에는 평균보다 속도가 약간 느렸지만 이후 평균속도를 초과하면서 예정된 스프린트 기간보다 총 스토리 포인트를 조기 완료하게 되는 경우를 보여준다.

5.4 우선순위 정하기

현업의 PM이나 PO에게 업무 중 가장 어려운 부분이 무엇이냐고 물으면 압도적으로 많이 차지하는 대답은 '실제 시장 피드백이 부족한 상태에서 로드맵에 따른 백로그 우선순위를 지정'하는 일이라고 한다.

프로덕트 백로그는 프로덕트에 필요한 것으로 수집된 모든 항목 리스트다. 리스트에 포함되지 않으면 프로덕트에 절대 반영될 수 없다고 할 만큼 모든 요청 사항을 모아놓은 것이다. 좋은 제품과 서비스를 만들려면 리스트 안에서 가장 큰 가치를 제공하거나 합리적으로 보이는 작업을 먼저 완료할 수 있도록 우선순위를 매겨야 한다. 백로그에서 작업의 우선순위를 정하는 것은 PM과 PO의 가장 중요한 업무 중 하나다.

가장 단순하면서 명료한 원칙이 있다. '가장 중요한 일을 가장 먼저 하는 것'이다. 이때 진정한 PM의 독립성과 창의성이 필요하다. PM은 사용자 스토리부터 에픽처럼 더 큰 주제에 이르기까지 모든 것의 우선순위를 매기는 일을 담당한다. 단순히 프로덕트만 보는 것은 아니다. 마케팅의 우선순위를 정하는 데 도움을 주는 제품 출시 기반의 브랜딩 캠페인도 우선순위에 영향을 끼친다. 기존 고객의 불만 사항 해결이 우선인지 혹은 신규 고객 창출이 우선인지도 고민해야 한다. 경쟁 제품의 포지셔닝에 따라서도 우선순위가 바뀔 수 있다.

지금부터 가장 보편적이고 널리 사용되는 네 가지 방법을 소개한다. 특징과 장단점 등을 살펴보면서 다른 방법과 비교해본다.

5.4.1 모스코 우선순위 정하기

모스코MoSCoW는 작고 복잡하지 않은 프로덕트를 위한 가장 간단한 우선순위 지정 방법이다. 중요한 것과 그렇지 않은 것을 구별하고 이해하는 데 사용한다. PM과 PO가 작업 중인 내용 및 이유를 이해관계자(매니저, 리더십 팀, 고객)에게 전달하는 데 유용하다.

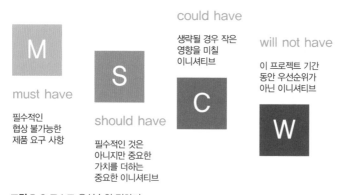

그림 5-8 모스코 우선순위 정하기

특징

MoSCoW라는 이름은 네 가지 우선순위(모음 'o'를 제외한 M, S, C, W) 범주의 약어다.

먼저 'must have' 기능이다. 이 기능을 빼고 프로덕트 딜리버리/서비스 론칭을 생각할 수 없다. 법적, 보안 문제 또는 비즈니스 이유 등 여러 가지가 해당할 수 있다. 만약 해당 기능을 사용자에게 약속했거나 프로덕트의 킬러 기능으로 정의했다면 프로덕트나 서비스의 생사 여탈권을 갖고 있다고 생각하자. 어떤 것이 '머스트 해브'가 될 자격이 있는지 알아보는 가장 쉬운 방법은 그것을 포함하지 않는 최악의 시나리오와 최선의 경우를 생각해보는 것이다. 만약 그것 없이 프로덕트의 성공을 상상할 수 없다면 그것은 '머스트 해브', 즉 프로덕트의 필수품이다.

두 번째로 살펴볼 것은 'should have' 기능이다. 높은 우선순위를 지니는 기능이다. 없어도 프로덕트에 재앙이 닥칠 운명까지는 아닐 때 사용한다. 즉 필수는 아니지만 매우 중요한 가치를 제품에 더하는 중요한 이니셔티브를 포함한다.

다음으로 'could have' 기능이다. 많이 이야기하는 '나이스 투 해브nice to have'에 해당한다. 충분한 자원을 가졌다면 '할 수 있었을' 것이지만 성공을 위해 반드시 필요하지는 않을 때 사용한다. could have와 should have가 매우 헷갈리는 경우가 생기기도 한다. 어디에 속하는지 파악하려면 각 요구 사항이 사용자 경험에 어떤 영향을 미칠지 생각하자. 영향이 적을수록 우선순위를 낮출 수 있다.

마지막으로 'won't have' 기능이다. 많은 PM과 PO가 "다음 버전에 포함하도록 신중하게 검토하겠습니다"라고 말하는 것을 들어본 적이 있을 것이다. 'won't have'라고 말하는 것은 해당 요구 사항이 생각할 가치도 없어서 절대 포함되지 않을 것이라는 의미가 아니다. 이번 버전에는 포함되지 않을 것이라는 의미다. 개발 자원(시간, 비용, 인원)이 부족할 경우가 해당한다. 이 기능은 나 자신과 이해관계자가 이번 릴리스에서 해당 기능은 포함되지 않을 것이라는 사실을 이해하고 동의하는 데 도움이 된다. 이는 PM과 PO로서 기대치를 관리하는 데 큰 도움이 된다.

장점

모스코는 두 가지 장점이 있다.

첫째, 깊은 이해나 복잡한 계산이 필요하지 않다. 팀 전체가 빠르고 쉽게 적응할 수 있으며 리더십 팀 및 고객과의 이해관계도 쉽게 이끌어낼 수 있어 투명하게 진행할 수 있다.

둘째, 필수 항목 범주를 제외하고 엄격한 시간 제한이 없어 기능별로 적절한 시간 배분을 할 수 있다. 팀 리소스를 상황에 맞도록 유연하게 조정할 수 있다.

단점

모스코 단점은 다음과 같다.

첫째, 구현의 범주가 일관적이지 않을 수 있다. 우선순위를 쉽게 설정할 수 있는 방법이지만 작업 순서가 없어 전체적이고 시스템적으로 움직이는 릴리스 계획을 세우기 힘들다.

둘째, 모스코가 요구 사항과 기능을 중요도 순서로 정렬해 보여준다고
해도 전체 그림을 보는 것은 여전히 어렵다. 비즈니스의 큰 기능이 중요
도에 따라 나눠져 있을 때 모스코 방법에서 우선순위가 낮은 것이 무시되
거나 빠지면 전체 기능이 완성되지 않을 수도 있다. 이때 경험 많은 PM
과 PO가 비즈니스 목표에 따라 우선순위를 그룹화해 진행해야 한다.

셋째, 필요한 것과 멋진 것 사이의 불균형이 생긴다. 범주 간 흐릿한 구
분이 필수 목록에 들어가는 기능을 결정하기 어렵게 만든다. 의존관계나
종속 관계를 구분해 우선순위 지정에 반영하는 것이 중요하다.

활용

모스코 방법은 간단하다. 그러나 항상 효과적이지는 않다. 릴리스 시간
에 민감한 프로젝트라면 시간에 대해 포괄적인 우선순위 접근 방식을 사
용해 모스코를 보완하는 것이 좋다. 기술적 제약과 의존성이 크지 않은
소형 프로덕트는 모스코를 사용하는 것이 합리적이다.

5.4.2 워킹 스켈레톤 우선순위 정하기

워킹 스켈레톤^{walking skeleton}은 기본 아키텍처의 기술 검증 버전^{proof of con-}
^{cept}(PoC)이다. 일반적으로 PoC는 단일 기능에 초점을 맞추지만 워킹 스
켈레톤은 최소화된 프로덕트의 엔드 투 엔드를 구현한다. 즉 개념의 윤
곽 정도가 아니고 실제로 실행할 수 있어야 하며 테스트도 함께 가능해야

한다. MVP 기능의 우선순위를 정하는 데 자주 사용되며 그중 무엇이 프로덕트가 작동하는 데 절대적으로 중요한지 정의한다.

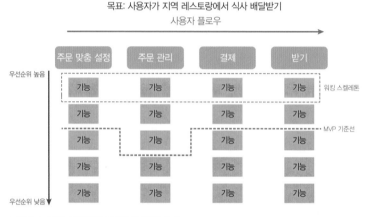

그림 5-9 워킹 스켈레톤 우선순위 정하기 예

특징

특정 카테고리에 속하는 요구 사항을 뜻하지 않는다. 사용자 스토리에 초점을 맞춰 우선순위를 정한다. 먼저 필요한 사용자 스토리에 순위를 매긴다. 필수 기능의 구현에 중점을 둬 주요 기능이 완전하게 동작하는 프로덕트의 형태를 갖고 있어야 한다. 또한, 비즈니스 가치를 충분히 보여주는 형태여야 한다. 여러 가지 기술 제한이 있는 상태에서노 핵심 시스템 요소를 표시하기 위해 스토리 맵을 잘 정리한다. 워킹 스켈레톤은 딜리버리와 배포까지의 모든 과정을 포함하기 때문에 프로덕트 기능 테스트도 과정에 포함한다.

장점

워킹 스켈레톤은 세 가지 장점이 있다.

첫째, 핵심 기능의 우선순위를 정의하는 데 많은 시간이 걸리지 않는다.

둘째, 출시할 프로덕트나 서비스의 비즈니스 가치를 추정할 때 가능한 많은 기능을 포괄적으로 가진 프로덕트를 만들고자 하는 유혹이 강하게 생긴다. 이 때문에 핵심 필수 기능에만 초점을 맞추는 것이 어려울 때가 많다. 워킹 스켈레톤은 실제 동작하는 MVP를 목적으로 하기에 이런 상황을 피할 수 있다.

셋째, 가장 중요한 장점이다. 사용자에게 우선순위 결정에 대한 피드백을 빠르게 받을 수 있다. 전체 프로덕트 팀은 프로덕트 시장 적합성과 비즈니스 아이디어를 전체적으로 평가할 수 있게 된다.

단점

워킹 스켈레톤의 단점은 다음과 같다.

첫째, 주요 기능이 동작하는 프레임워크의 형태를 띠고는 있지만 여전히 중요한 다른 기능을 포함하고 있지 않을 수도 있다(전체 테스트에 큰 제한이 생길 수 있다).

둘째, 빠른 우선순위 설정 테크닉이지만 주요 기능이 동작하는 프레임워크가 완성돼야 하기에 첫 릴리스까지는 시간이 걸린다.

셋째, 프로덕트의 첫 릴리스를 하려고 할 때 리더십 팀에서는 출시를 가속화하고자 주요 기능의 우선순위를 조정하려고 할 수 있다. 이렇게 되면 최초의 실행 가능한 프로덕트 버전은 시장에 출시할 준비가 되지 않은 프로토타입으로 나올 위험이 있다.

활용

워킹 스켈레톤은 MVP를 출시할 때 가시적인 성과를 기대할 수 있는 매우 유용한 테크닉이다. 수많은 추가 기능이나 부가적인 비즈니스 가치를 지닌 지속 가능하고 복잡한 프로덕트를 릴리스할 때는 워킹 스켈레톤 사용을 자제하는 것이 좋다.

5.4.3 라이스 우선순위 정하기

라이스[reach impact confidence and effort](RICE) 방법은 산수 정도의 수학 계산이 필요한 방법이다. 우선순위를 설정하는 데 등급 점수 모델이라는 방법을 사용한다.

$$\frac{Reach \times Impact \times Confidence}{Effort} = RICE\ score$$

- reach: '도달 범위', 특정 기간 동안에 이 기능을 사용할 수 있는 사용자 수를 반영
- impact: 기능을 사용함으로써 얻을 영향도
- confidence: 신뢰도
- effort: 팀이 소요한 시간

그림 5-10 RICE 우선순위 정하기

특징

라이스는 reach, impact, confidence 및 effort의 머리글자를 따서 만들었다. 우선순위를 지정할 때 각 기능을 평가하기 위한 입력값이다.

리치^{reach}를 먼저 살펴보자. '도달 범위'로 해석할 수 있다. 특정 기간 동안 리치 기능을 사용할 수 있는 사용자 수를 반영한다. 일별 활성 사용자$^{daily\ active\ users}$(DAU) 또는 월별 활성 사용자$^{monthly\ active\ users}$(MAU) 등 실제 프로덕트 지표로 평가한다. 예를 들어 고객 지원 페이지의 개선 사항을 평가하면 월별로 고객 페이지를 방문하는 사용자 수가 리치 지표가 된다.

임팩트^{impact}를 보자. 리치에서 얼마나 많은 사람에게 다가갈지 따져봤으니, 이제 해당 기능을 사용하면 어떤 영향을 받을지 생각해야 한다. 임팩트를 측정하는 과학적인 방법은 없다. 상대적인 값을 사용한다. '매우 큰 임팩트'는 3점, '높음'은 2점, '중간'은 1점, '낮음'은 0.5점, 마지막으로 '최소'는 0.25점으로 기준을 정해 평가한다.

그다음으로 컨피던스^{confidence}다. '신뢰도' 값이다. 현재 상황에서 사용자에게 해당 기능이 얼마나 혜택을 주는지 PM이 추정한 값이다. '높은 신뢰도'는 100, '중간 신뢰도'는 80, '낮은 신뢰도'는 50 등 객관식 척도를 사용하는 것이 좋다.

마지막으로 노력^{effort}이다. 프로덕트 팀, 디자인 팀 및 엔지니어링 팀이 소요한 시간을 보여준다. '인 월$^{person\ month}$'이나 '시간' 등으로 계산한다.

입력값이 정해졌다면 다음 공식을 적용한다.

$$RICE = (reach \times impact \times confidence)/effort$$

다른 입력치($reach \times impact \times confidence$)의 곱을 시간($effort$)으로 나누는 것이다. 라이스 값이 클수록 우선순위가 높다는 의미다.

장점

라이스는 세 가지 장점이 있다.

첫째, 큰 그림을 볼 수 있다. 여러 요소를 포함시킬수록 프로덕트에 대한 비전, 성공적인 론칭, 추가 프로모션 등 다양한 관점을 볼 수 있다.

둘째, 실제 프로덕트 릴리스 과정에서 나오는 의미 있는 숫자와 KPI를 기반으로 해 매우 의미 있는 평가 지표로 사용할 수 있다.

셋째, 사용자 경험을 매우 중요하게 생각하므로 사용자 만족도에 기여할 수 있다.

단점

라이스의 단점은 다음과 같다.

첫째, 모든 지표를 동일하게 고려하고자 등급을 매기며 백로그 항목별로 계산을 수행하려면 많은 시간이 소요된다.

둘째, 모든 데이터를 준비하지 못하는 경우가 생길 수 있다. 이때 라이스 방법은 릴리스를 연기하는 결정을 내리게 할 수도 있다.

셋째, 책임이 명확하지 않다. 주어진 우선순위 결정 방법에는 영향과 신뢰도 같은 요소가 포함된다. 팀이 결정에 대해 어떤 책임을 져야 하는지 명확하지 않은 경우가 많다. PM이나 PO 책임인지 팀 전체인지 혹은 리더십이 담당해야 하는 부분인지 애매한 부분이 많을 수 있다.

활용

라이스 우선순위는 다양한 측면에서 종합적으로 프로덕트를 살펴볼 수 있는 매우 효율적인 방법이다. 다만 모든 우선순위 사례에 적용되는 것은 아니다. 예를 들어 라이스 방법은 프로덕트나 서비스가 릴리스되고 라이프 사이클을 시작할 때 사용자에 대한 부분이 좀 더 명확해져 합리적으로 사용할 수 있다. 같은 이유로 라이스는 MVP를 만드는 경우에는 적합하지 않은 방법이다.

5.4.4 카노 모델 우선순위 정하기

카노Kano 모델 방법은 고객 기반 우선순위 지정 방법이다. 프로덕트나 서비스 기능과 관련해 사용자 만족도와 행동이 다르다는 사실에서 우선순위 지정이 시작된다.

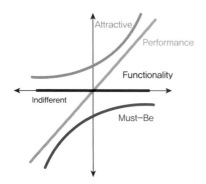

그림 5-11 카노 모델 우선순위 정하기

특징

다양한 카노 모델 적용 방법 중 가장 기본적인 버전은 사용자 백로그 포인트를 다음의 네 가지 기준으로 나누는 것이다. 사용자 만족을 중심으로 하고 사용자 의견을 바탕으로 하는 방식인 만큼 우선순위를 할당하기전 설문 조사와 사용자 인터뷰를 진행해야 한다.

첫 번째 기준은 'must be'다. 고객이 특정 기능이 포함된 경우에만 프로덕트의 의미를 두는 경우로 반드시 구현해야 하는 기능이다. 모스코 우선순위 지정 방법의 must have와 같은 의미다.

두 번째 기준은 'performance'다. 이중적인 특성을 갖는다. 프로덕트나 서비스가 동작하는 데 반드시 필요한 기능은 아니지만 고객이 매우 갖고 싶어 하는 경우다. 여기에 해당하는 종류의 기능은 고객 요구와 기대치를 예측하는 것과 매우 밀접하게 관련됐다. 고객이 원하는 것을 프로덕트에 포함시키면 고객은 만족감을 유지할 수 있으나 제공하지 못할 경우

실망할 가능성이 높다. 매우 신중하게 고려해야 하는 기능이다.

세 번째 기준은 'attractive'다. 여기에 해당하는 기능은 사용자의 만족감을 더해준다. 기본적으로 특별한 기대감은 없지만 가지기를 희망하는 특징이 있다. 모스코 우선순위 지정 방법 중 could have와 같다. 중요한 점은 이 기능이 없다고 고객이 불만족스러워하는 것은 아니라는 점이다.

마지막 기준은 'indifferent'다. 고객 만족에 미치는 영향이 거의 없다. 즉 고객은 관심이 없는 기능이다.

장점

카노 모델은 두 가지 장점이 있다.

첫째, 프로덕트의 잠재적인 장점과 단점을 강조한다. 가장 중요한 특징은 사용자 피드백이다. 카노 조사 결과는 미래 프로덕트의 장점과 단점을 객관적으로 보는 데 도움이 된다. PM과 PO는 개발 초기에 프로덕트나 시장 적합성을 살펴볼 수 있다.

둘째, 고객 가치를 기준으로 프로덕트 기능의 순위를 정하므로 가치 제안 관점에서 프로덕트를 평가하고 사용자 요구에 맞게 조정할 수 있도록 도와준다.

단점

카노 모델은 다음과 같은 단점이 있다.

첫째, 고객 입장에서 우선순위를 정하는 방법이기에 더욱 포괄적인 피드백을 제공하지만 고객은 특정 릴리스 및 기능에 필요한 시간과 비용을 고려하지 않는다. 개발을 진행하는 PM이나 PO는 매우 신중하게 릴리스 계획을 세워야 한다.

둘째, 잠재 고객을 대상으로 할 수 있는 카노 설문 조사를 포함하기 때문에 결과를 처리하고 추정하는 데 상당한 노력과 시간이 필요하다. 릴리스 시기를 늦추게 되고 프로덕트 팀의 개발 집중도를 떨어뜨릴 수 있다.

셋째, 고객 의견과 지식 때문에 제한될 수 있다. 카노 모델은 고객 만족도를 높이 평가하지만, 기술적 배경과 업무 전문성을 충분히 가지고 있지 않은 고객으로부터 요청된 백로그는 개인적 불편함에 대한 해결 요청 사항이나 전체 프로덕트 사용 흐름과는 어울리지 않는 특수성에 기인할 수 있다. 효율적인 카노 방법이 되려면 기술 개념을 따로 논의해야 한다.

5.4.5 우선순위 정하기 방법 정리

프로덕트 백로그는 소프트웨어 개발 및 애자일 기반 프레임워크에서 사용되는 가장 중요한 데이터다. 다음 스프린트에서 완료해야 할 스토리 포인드뿐만 아니라 프로덕트를 구성하는 중요한 요소가 된다. 프로덕트 백로그에서 작업의 우선순위를 정하는 것은 PM이나 PO의 중요한 책임 중 하나다. 직감에 의존하는 우선순위 접근 방법은 프로젝트와 프로덕트를 위험에 빠뜨린다.

우선순위를 정하는 방법에는 앞서 살펴본 네 가지 외에도 다양한 방법이 있다. 이 책에서는 가장 일반적인 네 가지 방법을 살펴봤다. [표 5-1]을 보자. 간단하게 표로 정리해서 네 가지 방법을 비교해봤다. 어떤 상황에서 어떤 우선순위 지정 방법을 사용하는 것이 효율적일지 좀 더 쉽게 파악할 수 있을 것이다.

표 5-1 우선순위 정하기 방법 비교

	사용 용이성	데이터 기반	밸런스 (가치 vs. 기술)	이미 출시된 제품/서비스	MVP나 새로운 제품/서비스
모스코	O	×	×	O	O
워킹 스켈레톤	O	×	×	×	O
라이스	×	O	O	O	×
카노 모델	×	O	×	O	O

PM의 앞치마에는 프로덕트라는 요리를 만드는 여러 가지 도구가 있다. 도구 자체가 맛있는 요리를 보장해주지는 않는다. 상황과 재료에 맞게 도구를 잘 사용하는 PM과 PO 능력이 맛있는 요리를 보장해준다. 중요한 것은 연습과 그 과정 안에서 얻는 경험이다. 경험이 요리, 즉 제품이나 서비스가 고객에게 사랑받는 상황을 만들어줄 것이다.

5.5 MVP

그리 오래되지 않은 과거에 의사는 손으로 처방전을 작성했다. 일반인이 읽고 해독해내는 것은 거의 불가능했다. 현재도 마찬가지다. 의료인뿐만 아니라 법조인 문서도 관련 전문가가 아니면 이해하기 어렵다. 아직도 방송이나 건설 현장에서 사용하는 일본식 전문용어는 외계어처럼 느껴진다. 전문가 그룹이 외계어 같은 용어를 쓰는 이유는 전문성을 강조한다는 측면도 있지만 무엇보다 타 그룹과의 '다름과 드러남'을 추구하고 같은 그룹원과 '동료 의식'을 갖기 위한 것도 한몫한다.

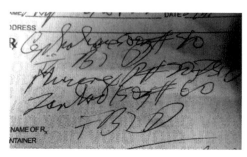

그림 5-12 의사의 수기 처방전 ⓒ Faculty of Medicine

컴퓨터 및 소프트웨어 산업도 예외는 아니다. 신조어의 약어를 섞어 사용하는 대화를 다른 산업 종사자는 이해하기는 쉽지 않다. 이번에 이야기할 MVP$^{minimum\ viable\ product}$만 해도 일반적으로는 스포츠의 MVP$^{most\ valuable\ player}$를 훨씬 더 많이 사용한다.

이야기를 나눌 때 전문용어를 사용하는 이유는 남과 다르다는 것은 은연중에 나타내는 것이 아니라 해당 용어가 의미하고 포함하는 정확한 뜻을 전달하기 위함이어야 한다. 각 용어를 잘 구별해 사용하는 것이 구체적으로 정의를 이해하는 데 중요하듯이 용어를 구현한 제품이나 서비스 역시 정확한 의미를 포함하지 않으면 안 된다. MVP라고 만들었지만 PoC 수준이거나 MVP의 기준점이 명확하게 달성되지 않은 상태에서 출시했다면 MVP를 정확히 이해했다고 보기 어렵다.

5.5.1 MVP 목적

최초의 아이디어를 소프트웨어 프로덕트로 실현해내는 작업은 비용, 시간, 노력, 지식이 총동원되는 큰 투자다. 크고도 위험한 투자가 최종적으로 '실패'라는 곳으로 향한다는 것을 예상하고 그 일을 시작하는 사람은 아무도 없다.

현실은 매우 잔인하다. 미국이나 유럽의 스타트업 스테이션^{startup station}에서 아주 빈번하게 발견되는 모델이 있다. 소문난 개발자들을 모아 팀을 만들어 애자일 프로세스로 개발하고 린 스타트업 방법론을 적용해 프로덕트를 관리하며 모든 사용자를 대상으로 하는 프로덕트를 자신 있게 출시한다. 하지만 예상했던 것보다 반응이 저조하다. 비슷한 분야의 프로덕트와 경쟁한 탓일까? 제품 품질보다는 홍보와 마케팅이 부족한 것 같아 모든 여력과 돈을 쏟아붓는다. 이는 또 하나의 완벽한 '실패'다. 도대체 '왜'? 실패 이유는 무엇일까?

대부분 프로덕트는 사용자에게 필요 없는 제품을 제공해 관심받지 못하고 시장에서 빠르게 사라진다. MVP의 기본 목적을 설명하게 만드는 상황이다. MVP는 해결할 가치가 있는 문제를 찾았는지 알아내는 방법이다. 출시 실패의 위험을 줄이고 가장 중요한 가정을 빠르게 테스트하고 사용자들로부터 피드백을 받는 것이 목적이다. MVP 제품에 넣은 아이디어가 고객에게 관심받지 못할 것이라고 판단되면 신속한 방향 전환이 필요하다. MVP를 만드는 유일무이한 목적은 고객과 시장을 빨리 이해하기 위해서다. MVP를 만드는 이유와 필요한 이유를 다섯 가지로 정리할 수 있다.

- 빠른 시간 안에 최소 비용으로 프로덕트를 내놓고 실험한다.
- 대상 사용자와 타깃 시장을 찾아내는 연습을 한다.
- 프로덕트가 제공할 기능과 고객 요구 사항의 밸런스를 찾아 시장에서 생존할 가능성을 높인다.
- 대상 사용자에게 품질이 좋은 피드백을 받아 고객과 시장을 더 잘 이해한다.
- 중대한 문제점을 걸러내 메인 릴리스에 반영한다.

5.5.2 MVP 핵심 개념

MVP를 만드는 목적은 명확한 편이지만 많은 PM 및 개발자, 디자이너, 매니지먼트 그룹이 정확히 이해하는 경우는 드물다. 크게 세 가지로 그 이유를 나눠볼 수 있다. 주 원인은 MVP를 단어 그대로 해석하면서 많은 오해가 생기기 때문이다.

첫째, minimum의 의미를 '최소한의 기능 세트'로 이해한다. minimum은 '핵심 가치'를 의미한다. '최소한'을 뜻하는 minimum 때문에 MVP의 기본 의미를 오해하는 사용자나 고객이 있다. 고객의 오해 때문에 아이디어에 자신 없을 필요는 없다. MVP는 최대한 빨리 실패하고 배우는 것이 목적이다. 프로덕트의 '최소한의 기능 세트는 무엇인가'가 아니라 '좋은 프로덕트인지 확인할 수 있는 가장 빠른 방법은 무엇인가'라는 생각에 초점을 맞춰야 한다. MVP가 항상 최종 제품의 샘플 버전이나 저렴한 버전은 아니다. 특별한 기능이나 디자인을 테스트하는 것이 아닌 핵심 가치를 검증하는 데 필요한 최소한의 버전이다.

둘째, viable은 학습 목적으로만 '실행 가능', '생존 가능'이라고 사용한다. 가장 이해하기 어렵고 헷갈리는 단어가 viable일 것이다. [그림 5-13]을 보면 viable를 쉽게 이해할 수 있다.

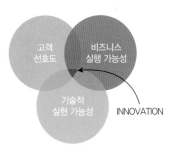

그림 5-13 IDEO의 프로덕트 프레임워크

에릭 리스가 viable이란 단어를 택한 이유는 '마케팅이나 재무에서 사용하는 비즈니스 모델'이라는 개념을 매우 중요하게 사용했기 때문이다.

출시를 준비하는 제품이나 서비스에 따라서 [그림 5-13]을 다음과 같이 이해하면 쉽다. 준비하는 제품이 진정한 기술 주도적인 프로덕트라면 minimum feasible product(차별화 핵심 기술이 구현된 최소 완성품)로 이해하면 된다. 최종 사용자를 위한 디자인이나 특정 서비스 프로덕트라면 minimum desirable product(고객이 희망하는 기능이 구현된 최소 완성품)라고 이해하면 된다.

'실행 가능한'이라는 의미를 지닌 viable 때문에 기업이 초기에 세운 프로덕트의 비즈니스 모델과 어떤 상관점을 갖는지 궁금할 수 있다. MVP 목적은 미리 정해놓은 비즈니스 모델을 테스트하는 것이 아니라 프로덕트의 가치^{value}를 제안하고 확인하는 과정에서 탄력적으로 비즈니스 모델을 함께 수정하는 것이다. 예를 들어 '데이팅 애플리케이션'을 기획하고 있다. 초기 비즈니스 모델은 10대부터 60대까지 모든 연령을 대상 사용자로 정하고 모델에 따라 MVP를 만들었다. 다양한 고객층에게 테스트하고 학습했더니 젊은층보다 중장년층에서 더 결과가 좋았다. 결과에 따라서 비즈니스 모델을 수정하는 것이 제품을 전 연령층에 맞춰 다시 수정하는 것보다 더 효과적이고 전략적인 접근법이 된다.

셋째, 'product'는 '제품/서비스'를 의미하는 것이 아닐 수 있다. MVP의 P가 '프로덕트'라는 날 때문에 또 다른 오해가 생길 수 있다. 일반적으로 '프로덕트 = 제품'이라고 하면 판매용으로 제조 또는 준비된 것으로 이해하는 경향이 있다. 이를 서비스로 확장하더라도 실제 고객을 위한 서비스의 작은 버전으로 이해한다.

MVP 목적은 판매가 아니라 학습이다. MVP는 고객과 시장이 가정한 대로 실제로 행동하는지 알아내고자 사용하는 실험 도구다. 물론 검증해야 하는 가정의 일부 중에는 고객이 제품에 비용을 지불할 것인지 여부도 포함되지만 접근 방법은 완전히 다르다. 고객이 비용을 지불할 것이라고 가정하고 만든 기능 중 최종 제품에 포함되지 않는 기능이 있을 수도 있기 때문이다.

'프로덕트/제품'이라는 단어를 사용하면 최종 제품처럼 보이는 것을 만들어야 한다고 생각할 수도 있지만 그렇지 않다. MVP는 실제로 제품(또는 제품 모양으로 발전)이 될 것이지만 초기 MVP는 제품으로 만들어지지 않을 가능성이 높다. MVP는 제품이라고 부르기보다는 '실험 또는 경험'이라고 부르는 것이 맞다. 실제로 MVP는 확인하는 과정의 산물이지 반드시 최종물의 작은 버전이 아니다.

5.5.3 올바른 MVP 접근 방법

지금부터 MVP에 올바르게 접근하는 방법을 알아보자. 두 가지 관점에서 접근하면 MVP를 제대로 이해하고 활용할 수 있다.

첫째, 정확한 개념에 집중하자. 몇 년 전부터 MVP 개념을 설명하면서 인용되는 그림이 있다.

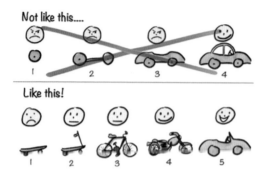

HOW TO BUILD A MINIMUM VIABLE PRODUCT

Not like this....

Like this!

그림 5-14 잘못된 MVP 예 ⓒ twitter.com/henrikkniberg

[그림 5-14]를 보면서 '아하! MVP 개념이 이런 것이구나'라고 이해할 수 있다. 필자 역시 처음 봤을 때 개념을 쉽게 설명했다고 생각했다. 그러나 좀 더 들여다보니 아주 치명적인 오류를 갖고 사용자에게 잘못된 개념을 전달하고 있다는 것을 발견했다. 다음 날 동료 PM들과 그림 리뷰를 했고 발견한 오류를 함께 검증하고 확인했다. 다행히 같은 생각을 하는 PM들이 PM 커뮤니티에서 비슷한 의견을 내고 있다는 것을 확인했다.

어떤 오류를 가지고 있는지 하나씩 함께 확인해보자. 상단에 있는 MVP가 아니라고 하는 'Not Like this…' 부분은 볼 필요도 없다. 어떤 가치도 제공하지 못한다.

'Like this!' 부분을 보면서 오류를 찾아보자. 현재 무엇을 만들 것인지에 대한 최종 프로덕트 형태를 보면 멋지게 완성된 자동차 모습이다. 그렇다면 이 제품은 '교통수단으로서의 문제점을 해결하려는 프로덕션 과정'

으로 해석해야 한다. 예를 들어 힘이 좋은 혁신적인 전기 자동차일 수 있다. 최종 프로덕트로 가는 과정을 보자. 스케이트보드, 킥 스쿠터, 자전거, 오토바이 과정을 거쳐 자동차가 된다.

첫 번째 오류는 잘못된 대상, 즉 사용자와 시장을 선정했다는 점이다. MVP는 대상 사용자와 시장을 알고자 의미 있는 피드백을 받는 것이 핵심 목적이다. [그림 5-14]는 최종 프로덕트가 되는 '자동차' 사용자 그룹을 초기의 '스케이트보드' 사용자 그룹과 동일시한다. 자동차 시장은 최소 20대 이상이 대상 사용자가 되지만 스케이트보드 시장은 대상 사용자에 스케이트보드를 많이 이용하는 10대를 포함한다. 게다가 자동차는 여러 사람이 동시에 이용할 수 있지만 스케이트보드, 킥 스쿠터, 자전거, 오토바이 모두 한 명만 사용할 수 있는 수단이다. 프로덕트가 교통수단이라는 전제를 가졌다면 스케이트보드는 교통수단에 해당하지 않는다. 또한, 기본 2천만 원 이상인 구매 비용 시장과 10만 원 내외의 시장은 대상 자체가 다르다. 이와 같은 MVP 프로세스는 사용자와 시장이 일관되지 않는 오류가 있다.

두 번째 오류는 잘못된 밸런스, 프로덕트 기능과 고객의 요구 사항이 상충된다는 점이다. 킥 스쿠터를 테스트하는 사용자에게서 자동차를 사용할 대상 사용자의 요구 사항과 피드백을 듣기는 어렵다. 예를 들어 킥 스쿠터 뒷바퀴의 브레이크 패드를 좀 더 크게 만들어달라는 요구 사항은 자전거나 오토바이에는 소용없는 요구 사항이다.

세 번째 오류는 무의미한 피드백을 받게 된다는 점이다. 잘못된 대상 사용자에게서 품질이 좋은 피드백은 기대할 수 없다. 오토바이와 자동차는 사용자가 면허와 보험이라는 법적 요건을 갖추는 것이 기본 조건이다. 전 단계인 스케이트보드와 킥 스쿠터는 해당 조건을 만족하지 않는다. 자전거를 타는 사이클리스트를 대상으로 한 연구와 피드백은 자동차 운전자에 대해서는 아무것도 알려주지 않는다.

네 번째 오류는 기술과 경험 축적에서 발생한다. 앞선 세 가지 오류는 대상 선정에 문제가 있었다. 다음 단계로 넘어가기 위한 기술과 경험은 축적됐는지가 여전히 문제로 남는다. 자전거를 만드는 기술과 경험 축적이 자동차를 만드는 데 기여할 부분은 지극히 적다.

그렇다면 자동차가 최종 프로덕트인 올바른 MVP의 모습은 무엇일까? MVP 역시 자동차가 가지는 핵심 가치를 포함해야 한다. 형태는 아주 초기부터 가치를 시험해볼 수 있는 자동차여야 한다. 예를 들면 [그림 5-15]와 같다.

HOW TO BUILD A MINIMUM VIABLE PRODUCT

1   2   3   4

그림 5-15 올바른 MVP 예 ⓒ titbit-insight.blogspot.com

올바른 MVP는 핵심 가치 전달이 최우선이다. [그림 5-16] 역시 MVP를 설명하는 수많은 기사와 소셜미디어에서 인용된다. 앞서 설명한 [그림 5-14]와는 달리 잘못됐다고 할 수 없지만 좀 더 설명이 필요하고 개선이 필요하다.

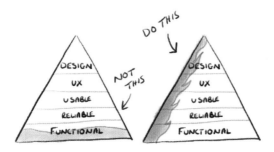

그림 5-16 프로덕트 MVP의 품질 가치 기준 ⓒ slowlettuce.io

[그림 5-16]은 소프트웨어 프로덕트를 목표 시장에 출시할 때 품질 평가에 대한 네 가지 기준(기능성^{functional}, 안정성^{reliable}, 편의성^{usable}, 가치^{design}(value로 해석))을 예로 들면서 MVP를 어떤 기준에 얼만큼 중점을 둬야 하는지 설명한다. [그림 5-16]에 문제가 있다면 과도하게 일반화된 가치 제안을 한다는 점이다.

왼쪽 피라미드는 개발자 위주의 스타트업에서 초기에 발생하는 기능 위주의 MVP에서 많이 볼 수 있는 매우 나쁜 예다. 오른쪽 피라미드는 잘못된 부분을 충분히 개선하고 네 가지 모든 부분에 골고루 역량을 투입해 MVP의 본뜻에 충실하려고 했다. MVP가 무엇인지 다시 한번 떠올려 보자. MVP는 최종적으로 제공한 프로덕트의 가치를 고객에게 확인하는 과정이다. 네 가지 기준에 동등한 역량을 분배하기보다는 가치를 전달하는 역량에 더욱 더 많이 분배를 해야 한다.

[그림 5-16]을 좀 더 확장해 [그림 5-17]과 같이 MVP 성숙도를 기준으로 네 개의 모델로 나눠봤다.

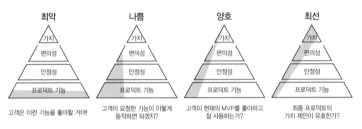

그림 5-17 MVP 가치 기준에 따른 비교

MVP가 초기 과정을 지나면 짙은 부분에 해당하는 기준을 점진적으로 충족시켜야 하지만 초기 MVP는 반드시 가치 전달을 최우선으로 해야 한다. 동등한 양이 아닌 역삼각형에 초점이 맞춰져야 한다. 각 삼각형의 아래에 있는 핵심 내용은 MVP에 대해서 질문을 던질 때 어떻게 방향이 결정되는지 알려준다.

현재 계획하는 MVP는 가치 전달 부분을 충분히 고려했으며 전략적으로 접근하고 있는지 생각해보기를 바란다.

CHAPTER 6

능력 있는 PM 되기

PRODUCT
MANAGEMENT

6.1 제품 시장 적합성

코로나19가 본격적으로 유행하기 전인 2019년 미국 내 스타트업의 90%
가 실패했다. 성공한 10%는 무엇일까? 제품이 성공했다고 할 수 있으려
면 어떻게 해야 할까? 제품 시장 적합성^{product market fit}(PMF)을 들어봤을 것
이다. 모든 스타트업은 저마다의 특성을 갖고 있다. 하지만 PMF를 달성
하지 못하는 가장 큰 이유는 무엇일까? 다음의 세 가지 정도로 정리해볼
수 있다.

- 처음부터 시장의 요구를 검증하지 않는다.
- 고객과 자주 대화하지 않는다.
- 초기에 딜리버리 채널을 테스트하지 않고 제품에만 초점을 맞춘다.

실패하는 스타트업이 흔히 취하는 접근 방식에는 패턴이 있다. 제품을
정의한 다음 시장 잠재력을 평가한다. 다음과 같은 단계로 접근하고 수
행한 후 실패한다.

① 제품 가설 정의
② 기능 세트 정의
③ 제품 빌드
④ 제품 출시
⑤ 성공 기원

이 순서대로 하면 성공 확률은 10%가 되지 않는다는 통계가 있다. 몇 가지 문제가 있는 접근 방식이다. PMF에서는 제품 대신 시장부터 시작하라고 한다. 성공적인 제품 전략을 정의할 때 더욱 논리적인 순서와 정확한 프레임워크로 진행해야 한다.

그렇다면 PMF란 무엇일까? 5장에서 MVP를 설명하면서 [그림 6-1]처럼 피라미드 형태의 그림을 사용했다.

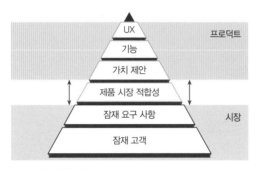

그림 6-1 PMF 구조

순서가 바뀌었을 수도 있지만 MVP를 딜리버리하는 시점은 지금 이야기하는 PMF가 검증된 후다. 즉 시장이 검증되고 사용자가 진정으로 원하는 것이 무엇인지 파악한 후 MVP를 출시한다. 이런 이유로 MVP는 PMF 다이어그램의 최고 상위 단계인 'UX'와 '기능'에 해당한다.

PMF를 알고 싶다면 반드시 '가치 가설'을 먼저 이해해야 한다. 가치 가설이란 고객이 우리 제품을 사용할 가능성이 높은 이유가 될 주요 가정을 명확히 하는 과정이다. 즉 고객이 왜 우리 제품을 사용할지 이유를 찾아봐야 한다. 이는 실제 조사가 아닌 아이디어, 즉 가정으로 시작하라는 의미다. 반복해야 하는 과정이며 잘못된 가정을 계속 찾아내면서 진정한 이유를 찾아가는 과정이다. 설득력 있는 가치 가설을 찾아내는 이 과정을 'PMF 찾기'라고도 한다.

가치 가설은 다음의 세 가지를 만족해야 한다.

- 구축해야 하는 기능
- 관심을 가질 만한 잠재 고객
- 고객이 제품을 구매하도록 유도하는 데 필요한 비즈니스 모델

회사는 제품 시장 적합성을 찾기까지 수도 없이 반복한다. 중요한 점은 시장이 제품보다 중요하다는 것이다. 세계 최고의 제품을 개발할 수는 있지만 제품이 고객/사용자의 필수 요구 사항을 충족하지 못한다면 모두 무의미한 노력이 된다.

6.1.1 잠재 고객/사용자 찾기

PMF를 찾기 위해 첫 번째로 할 일은 잠재 고객target customers은 어디에 있으며 어떤 도구를 사용해 찾을 것인가를 정하는 것이다. 모든 사람을 찾을 시간이나 자원은 없기에 정확하게 대상을 찾아내는 것이 중요하다. 4.2절에서 시장 규모를 추정하던 방법과 동일하다.

이 단계에서는 많은 기업이 인구통계나 제품 특성을 기준으로 목표 시장을 세분화한다. 특정 인구통계, 즉 데모그래픽이나 제품 특성에 맞게 타

기팅해 해당 고객에게 제품 가치를 부여하고 고객에게 비용을 받으려고 한다. 이 과정에서는 고객이 진정으로 원하는 것이 무엇인지 찾아내는 데 주로 JTBD^{jobs to be done} 프레임워크를 사용한다.

성공적인 기업은 고객을 이해할 뿐만 아니라 고객이 해야 할 일도 이해한 다는 사실을 잊지 말자.

6.1.2 잠재적 요구 사항 파악

두 번째 단계에서는 서비스가 부족해 발생한 고객의 잠재적인 요구 사항 ^{underserved needs}을 파악한다. 고객과 사용자를 정의했다면 요구 사항을 파 악하고 리스트업한다. 여기에서 가치를 창출하려면 기회 시장을 만들 수 있는 고객의 숨은 요구 사항을 파악한다. 신제품을 만들고 있다면 이 단 계에서는 다음의 두 가지 시나리오 중 하나가 존재하는지 반드시 확인해 야 한다.

첫째, 현재 시장에 나온 솔루션으로 해결하지 못하는 고객 요구 사항을 파악한다. 여기에 해당하는 요구 사항은 시장에 나온 제품들이 '서비스 가 부족한' 경우에 대한 요구 사항이다. 고객은 수많은 대안 및 경쟁 제품 과 비교하며 우리 제품을 판단한다. 제품이 고객의 요구를 만족시키는 정도는 경쟁 환경에 따라 달라진다.

카카오톡이나 왓츠앱 같은 메신저 프로그램을 예로 들어보자. 수많은 메 신저 프로그램이 있지만 기존 프로그램의 불편 사항을 해소하고자 거의 매일 새로운 메신저 프로그램이 출시된다. 새로운 메신저 프로그램의 특성은 모두 기존 메신저 사용자의 불만을 해결하고자 새롭게 기획됐다는 점이다. 메시지 사용을 더 효율적이고 행복하게 만드는 특별한 킬러 기능을 가졌다고 주장하지만 메신저 시장은 이미 경쟁이 힘들 정도로 포화 상태다. 먼저 시장에 진출한 수백 개의 경쟁 업체와 함께 시장에서 충족되지 않은 요구 사항을 찾아서 해결해야 한다. 어렵고 또 어려운 일이다.

둘째, 고객의 잠재적 니즈를 파악한다. 이미 존재하는 것을 개선하기보다는 사용자가 몰랐던 새로운 범주의 제품을 시도하는 혁신적인 제품이다. 무엇인가 찾는 관점이 아니라 우버나 에어비앤비처럼 기존의 비즈니스 프로세스 연결 구조를 흐트려놓는 것을 시도해볼 수 있다.

6.1.3 가치 제안

다음 단계는 시장이 아닌 프로덕트 관점으로 넘어온다. 즉 프로덕트 가치가 어디에 있는지 고객에게 제안하는 부분이다. 가치 제안value proposition 은 우리 제품이 대안이나 경쟁 제품보다 고객 요구를 더 잘 해결할 수 있다고 사용자에게 설명하고 약속하는 과정이다. 이 과정에서 가설을 세우는 기본 질문은 다음과 같다.

- 고객의 모든 잠재적 요구 중 우리 제품이 해결할 수 있는 가장 중요한 것은 무엇인가?
- 어떤 것이 가장 큰 영향을 미치며 어느 정도의 시간과 노력이 필요한가?

이를 알려면 가설에 세 가지 요소가 필요하다.

- **무엇**: 만들고 있는 제품
- **대상**: 해당 제품이 절실히 필요한 사용자
- **방법**: 제품 제공에 사용하는 비즈니스 모델, 성장을 이끄는 마케팅 전략

이 단계에서는 고객 및 동료, 상사, 투자자 같은 이해관계자가 현재의 MVP는 무엇이 부족한지 충고와 불만을 쏟아낸다. 틀린 의견이 아닐 수도 있다. 이 같은 상황에서 PM이라면 이해관계자에게 두 가지를 주지시켜야 한다. 다음의 두 가지를 검증하는 과정이라는 사실을 반복해 이야기하겠다.

- 우리의 가치 제안이 시장에서 반향을 일으키고 있는가?
- 우리의 가설이 맞고 우리 제품의 기본 기능이 사용자에게 신뢰를 심어주는가?

6.1.4 PMF 프레임워크

PMF 정의를 하나씩 나눠 설명해도 실제 업무에 적용하는 것은 굉장히 어렵다. 실제 업무에서는 어떻게 적용하는지 좀 더 알아보자.

스타트업이 흔히 저지르는 실수를 의식적으로 그리고 일관되게 피하려면 체계적인 접근법이 필요하다. [그림 6-2]는 간단해 보일 수 있지만 반복 훈련이 필요하다.

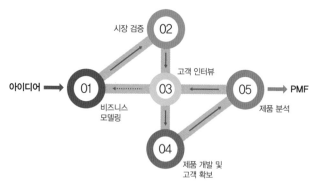

그림 6-2 PMF 프레임워크

PMF 프레임워크는 일직선형이나 우상향 직선이 아니라 항상 반복되는 루프 형태다. PMF 프레임워크를 단계별로 알아보자.

1단계, 비즈니스 모델링business modeling이다. [그림 6-3]의 린 캔버스와 같은 방법으로 연습하고 테스트해볼 것을 추천한다.

PROBLEM	SOLUTION	UNIQUE VALUE PROPOSITION		UNFAIR ADVANTAGE	CUSTOMER SEGMENTS
List your customer's top 3 problems		Single, clear, compelling message that turns an unaware visitor into an interested prospect		Something that can not be easily copied or bought	List your target customers and users
2		5		9	1
EXISTING ALTERNATIVES	KEY METRICS	HIGH-LEVEL CONCEPT	CHANNELS		EARLY ADOPTERS
List how these problems are solved today	List the key numbers that tell you how your business is doing	List your X for Y analogy (e.g. YouTube = Flickr for videos)	List your path to customers		List the characteristics of your ideal customers
	7		6		Add Comment
COST STRUCTURE		REVENUE STREAMS			
List your fixed and variable costs		List your sources of revenue			
8		3			

Lean Canvas is adapted from Business Model Canvas and is licensed under the Creative Commons Attribution-Share Alike 3.0 Un-ported License. See what's different **Lean Canvas**

그림 6-3 린 캔버스 © leanstack.com

이때 할 수 있는 주요 질문은 다음과 같다.

- **고객(customer segments)**: 대상 사용자는 누구인가?
- **문제(problem)**: 해결하려는 문제에 고객은 관심이 있는가? 얼마나 많은 사람이 같은 문제에 영향을 받는가?
- **매출 대 비용(cost structure)**: 제품을 구매할 의향이 있는가? 충분히 수익성이 있는가?
- **고유한 가치 제안(unique value proposition)**: 고객 문제를 어떻게 해결할 것인가? 기존 대안보다 우리 방법이 나은 이유는 무엇인가?
- **채널(channels)**: 고객에게 어떤 방법으로 전달할 것인가? 방법에는 비용이 얼마나 드는가?

린 캔버스를 채우면 고객과의 만남에서 얼마나 많은 부분이 미흡했는지 알게 된다. 실망할 필요는 없다. 린 캔버스는 상황을 파악하고자 수많은 '테스트'를 하고 고객에게 배워 캔버스를 다시 살펴보는 것이 핵심이다.

2단계, 시장 검증market validation을 보자. '시장 우선' 접근 방식은 스타트업이 흔히 저지르는 실수를 피하고 성공 가능성을 높이는 데 필요하다. 제품을 구축하기 전 다음과 같은 시장 질문의 답을 찾아야 한다.

- 고객은 우리가 해결하려는 문제에 정말로 관심이 있는가?
- 우리 제품은 잠재 고객에게 비용 효율적으로 도달할 수 있는가?
- 고객은 진정으로 우리 제품에 지불할 의향이 있는가?

너무 많은 스타트업이 2단계를 건너뛰고 제품을 구축하기 시작한다. 아무리 좋은 아이디어가 있어도 제품화를 할 단계가 아니다. 대신 아이디어를 테스트하는 '퀵앤더티Quick and Dirty' 실험을 해보기를 추천한다.

예를 들어 제품 페이지로 트래픽을 유도하고자 일부 온라인 광고(예: 구글, 페이스북, 링크드인 등)를 구매한다. 이후 얼마나 많은 사람이 해당 페이지를 방문해 가입했는지 확인하고 전환율을 측정한다(방문자 대 가입자, 일반적으로 10% 정도면 좋은 것으로 간주된다). 10% 임곗값 근처에 도달하지 못했다면 가치 제안을 구성하기 위해 제품 페이지의 구성을 바꿔보면서 전환율을 높여본다.

이제 3단계, 고객 인터뷰customer interview를 보자. 결정적으로 중요한 것은 테스트하면서 고객에게 직접 배운다는 점이다. 인터뷰에서 꼭 알아야 할 사항은 다음과 같다.

- **채널**: 우리 제품을 어떻게 찾았는가?
- **가치 제안**: 왜 가입했는가?
- **수익화**: 이미 대안이나 다른 경쟁 제품에 비용을 지불하는가?

2단계에서 좋은 전환율로 가입자 수가 늘고 있다면 이제 목표는 고객이 기꺼이 비용을 지불할 수 있는 최소한의 주요 기능을 빨리 파악하는 것이다. 가입률과 전환율이 좋지 않다면 가입자에게 가장 큰 반응을 얻었던 기능이 무엇인지 파악해야 한다. 이 경우에는 1단계로 다시 돌아가서 새로운 아이디어를 구체화한다.

4단계, 제품 개발 및 고객 확보product development & customer acquisition이다. 고객 인터뷰에서 제품의 첫 번째 버전에서 '반드시 넣어야 하는' 것은 무엇인지 좋은 아이디어를 얻어야 한다. 제품 개발은 '완전한 전체' 버전을 구축하지 않는다. 지금은 고객의 가장 큰 문제를 해결하는 '하나'를 찾아내 고객이 경험할 수 있도록 핵심 가치를 담은 제품을 만들 때다. 고객이 '아하!' 순간을 최대한 빨리 경험할 수 있도록 사용자 흐름을 단순화한다. 고객 혹은 잠재 고객이 제품 효과를 아는 데 최대한 짧은 시간을 보내도록 해야 한다. 구글 검색은 매우 복잡하지만 사용법은 지극히 간단하다는 사실을 잊지 말자. 가장 작은 제품이 준비되면 출시할 준비가 됐다. 제품을 소개 페이지에서 등록한 잠재 고객에게 알리고 데이터 수집을 시작한다.

많은 스타트업은 훌륭한 제품이 출시되면 저절로 판매된다고 믿는 경향이 있다. '만들면 고객이 올 것이다'는 잘못된 믿음이다. 제품 개발과 병행해 다양한 딜리버리 채널을 이용하고 테스트하면서 더 많은 고객을 경제적으로 확보할 수 있는 방법을 찾아야 한다. 성공한 CEO는 제품을 만드는 데 소비하는 시간과 새로운 고객을 확보하는 데 소비하는 시간을 동일하게 사용해야 한다고 이야기한다.

마지막으로 5단계, '제품 분석product analytics'이다. 제품을 시장에 출시했는가? 그렇다면 축하한다. 단 아직 PMF 여정은 끝나지 않았다. 현실을 확인해보자. 가입도 늘고 잠재 고객도 제품을 구매하겠다고 한다면 확인해야 할 것이 있다. 고객이 정말로 우리 제품을 사용하는지 여부다. 믹스패널Mixpanel, 앰플리튜드Amplitude 또는 구글 애널리틱스Google Analytics 같은 도구로 진실을 알아볼 시기다.

고객 행동을 이해하기 위한 가장 일반적인 접근 방식에 AARRR^{acquisition} ^{activation retention referral revenue} 지표가 있다. 제품을 밑에 구멍이 난 깔때기로 생각하자. AARRR 프레임워크는 사람들이 충성도 높은 고객이 되는 과정에서 빠져나가는 구멍을 메울 가치가 있다는 것을 설명한다.

- **획득(acquisition)**: '사용자 확보 방법'에 대한 지표
- **활동(activation)**: '사용자 경험도' 평가
- **유지(retention)**: '고객 충성도' 평가
- **매출(revenue)**: '고객의 비용 지불 여부' 확인
- **추천(referral)**: '고객이 다른 고객에게 소개'할 것인지 정도 평가

AARRR 지표는 5단계 중 PMF를 달성하는 데 방해가 되는 요소를 찾아내는 것이 목표다.

6.2 지표

이번 절에서는 고객의 '조용한 외침'을 알아가는 과정인 지표^{metric}(메트릭)를 알아보겠다. 프로덕트 매니지먼트 과정에서 가장 중요한 주제 중하나다. PM이나 PO로서 하루 일과 대부분은 지표 중심으로 이뤄진다고해도 과언은 아니다.

지표는 무엇이고 왜 중요할까? 그리고 어떻게 만들까? 많은 테크 회사의실제 사례를 보면서 몇 가지 지표 프레임워크를 이야기해보겠다. 또한, 어떤 지표가 좋은 지표이고 나쁜 지표인지도 알아보자.

정확한 피드백을 자주 받을수록 더 효과적으로 관리할 수 있다는 원리인 '피드백 루프$^{feedback\ loop}$'라는 것이 있다. 피드백 루프 원리는 손목에 차는 스마트워치나 피트니스워치로 건강 관리를 하는 경우를 예로 들 수 있다. 실시간으로 심박수나 섭취 칼로리, 수면 상태 등이 보고된다. 매우빠른 피드백으로 사람들이 체중을 줄이거나 건강해지는 데 도움이 된다.

프로덕트 매니지먼트도 같은 과학 원리를 사용할 수 있다. 해당 지표를통한 전체 피드백 루프 프로세스다. 애자일 개발의 핵심이기도 하다. 지표는 현재 프로덕트에 무슨 일이 일어나는지 설명하는 숫자, 즉 무언가의 측정치다. 이를 KPI$^{key\ performance\ indicator}$(핵심 성과 지표)라고도 한다. KPI와 OKR$^{objectives\ and\ key\ results}$은 6.3절에서 자세히 알아보겠다.

일반적으로 지표는 월별 활성 사용자(MAU), 재방문 사용자, 이탈 사용자, 애플리케이션 스토어 리뷰 등 사람들이 페이스북이나 트위터, 유튜브 같은 특정 플랫폼에 얼마나 많은 게시물을 작성했으며 반응하는지 수치화한 것이다. 데이터 기반의 기술 기업은 지표를 활용해 제품을 개선한다. 그중 하나가 넷플릭스다. 넷플릭스는 데이터 기반에 근거한 프로덕트 개선 프로세스를 가진 것으로 유명하다. [표 6-1]을 보면 사용자 및 제품 경험이 우수한 회사가 시장에서 선택받는다는 것을 알 수 있다.

표 6-1 영상 스트리밍 기업의 계약 갱신율 ⓒ lab42.com

스트리밍 서비스 제공자	계약 갱신율
넷플릭스	93%
아마존 프라임 비디오	75%
훌루	64%
HBO 맥스	47%

숫자만 보고 아마존 프라임 비디오의 스트리밍 기술이 떨어진다고 생각하지 말기를 바란다. 아마존은 AWS라는 당대 최고의 클라우드 플랫폼 기술력과 마켓 셰어market share를 가진 회사다. 아마존의 프라임 비디오는 꾸준히 넷플릭스의 사용자 경험을 벤치마킹하고 따라잡고 있다. 갱신율은 비즈니스의 직접적 지표 및 투자 지표가 된다. 아마존이 큰 노력을 하지만 18% 차이가 난다. 큰 차이가 아닌 것 같지만 갱신율이라는 특성을 고려해 3년 후 차이를 비교하면 얼마나 큰 차이인지 알 수 있다. 프라임 비디오가 현재 구독률을 유지(사실 유지도 쉽지는 않다)한다는 가정하에

3년 후를 계산하면(0.75×0.75×0.75) 갱신율은 42%로 떨어지게 된다. 이탈한 33%는 어디로 갈까? 승자 독식의 현상이 나타나지 않을까?

넷플릭스 이야기를 좀 더 해보자. 넷플릭스 사용자의 75%가 개인화된 추천 프로그램에 만족한다고 대답했다. 사용자 조사를 해본 경험이 있다면 개인 취향 서비스에 만족하는 소비자 75%가 꿈의 숫자라는 걸 알 것이다. 넷플릭스가 사용자 인사이트를 얻기 위한 지표 데이터는 프로덕트의 모든 곳에 숨어 있다. 무엇을 보았고 무엇에 '좋아요'를 눌렀을 뿐만 아니라 검색 횟수와 내용, 프로그램을 끝까지 봤는지 중간에 멈췄는지, 프로필과 프로그램이 관계 있는지, 사용자가 시리즈물을 좋아하는지 혹은 단편을 좋아하는지 등 수도 없이 많다. 넷플릭스가 데이터를 모으는 목적은 단순히 사용자를 알려고 하는 것뿐만 아니라 해당 데이터에서 사용자를 불편하게 하는 것이 무엇인지 파악해 개선점을 찾으려는 것이다. 얼마나 많은 프로그램을 보유하고 소비했는지 보여줄 뿐만 아니라 사람의 성향에 따른 지표를 만들어 프로덕트에서 보여주고 있다는 점이 다르다.

그림 6-4 넷플릭스의 개인화된 섬네일

다양한 개인화 기능 중 섬네일 개인화 기능이 있다. 같은 〈대부〉 영화라도 사용자가 액션 영화를 좋아한다면 말론 브란도의 강한 모습이 담긴 섬네일로 보여준다. 가족 영화를 좋아한다면 〈대부〉에서 나오는 가족 장면을 섬네일로 보여준다. 이 같은 맞춤 서비스 제공은 단순히 현재 일어나는 상황의 기계적 발생 데이터가 아닌 사용자 경험 데이터에서 나올 수 있는 부분이다.

시표 설정과 분석은 PM의 핵심 업무다. PM의 궁극적인 목표는 제품 성공이다. 목표를 달성하려면 현재 무엇을 성취하고 있는지 알아야 한다. 이를 알고 싶다면 먼저 성공을 정의하고 계속 측정값을 모니터하면서 올바른 방향으로 가고 있는지 체크한다. 이것이 바로 PM의 피드백 루프다.

6.2.1 다섯 가지 지표 유형

지표를 나누는 공식적인 정의는 없으나 크게 다섯 가지로 나눌 수 있다. 일반적으로 테크 업계에서 다섯 가지로 나눠 구분한다. 기업마다 조금씩 이름과 구분이 다를 수 있다.

첫 번째로 살펴볼 지표는 '성장과 활성화 지표growth and activation metric'다. 제품이 어떻게 성장하고 있는지 추적 및 측정하는 지표다. 월별 또는 주별 총 신규 사용자나 채널 소스별로 신규 사용자가 얼마나 늘었는지 등이 될 수 있다. 사용자가 어디에서 오는지 아는 것은 매우 중요하다. 검색, 검색 엔진 최적화search engine optimization(SEO), 블로그나 트위터의 공유된 콘텐츠 링크에서 유입됐을 수도 있다.

애플리케이션을 발견하고 설치한 사용자와 애플리케이션을 사용하는 활성화된 사용자 사이에도 큰 차이가 있기에 활성화 지표를 설정하는 것도 매우 중요하다. 활성 사용자$^{active\ user}$는 애플리케이션을 다운로드했거나 웹사이트로 이동했을 뿐만 아니라 실제로 가입하고 다양한 유형의 작업을 수행한 사람을 의미한다. 페이스북도 유사한 의미로 첫 뉴스피드를 작성하는 지표를 추적한다. 1만 명이 애플리케이션을 다운로드했어도 실제로 1천 명만 로그인해 사용한다면 활성화 비율은 10%밖에 되지 않는다. 이를 추적하고 활성화 비율을 높이는 방법을 찾는 일은 매우 중요하다.

두 번째로 살펴볼 지표는 '유지 지표$^{retention\ metric}$'다. 유지는 성장 및 활성화 지표와 매우 밀접하게 연관됐다. 얼마나 많은 사람이 지난 달에 우리 제품을 사용했고 이번 달에도 사용하는지 알고자 할 때 사용한다. 유지 측정 항목의 예로 'retained user'와 'resurrected user'가 있다. retained user는 우리 서비스나 애플리케이션, 제품을 지속해서 사용하는 사용자다. resurrected user는 노력으로 되찾은 사용자다. 지난 달에는 제품을 사용했지만 이번 달에는 사용하지 않은 사용자가 있다고 가정해보자. 이번 달에 우리 제품을 사용하지 않았지만 문자 메시지나 메일로 새로 출시되는 기능 및 매력적인 사례를 보내고 난 후 다시 사용하게 된다면 resurrected user로 분류한다. 얼마나 긴 기간 동안 사용하지 않은 사용자를 대상으로 할까? 정답은 없다. 기간이나 인터벌 정의는 각 회사나 프로덕트 팀이 회의를 거쳐 결정한다. 중요한 것은 측정 항목을 일관되게 유지해야 한다는 점이다. 즉 과거와 비교할 수 있도록 진행한다.

세 번째로 살펴볼 지표는 '참여 지표engagement metric'다. 참여 지표는 PM이 가장 일반적으로 다루는 지표다. 비즈니스 목표에 따라 특정 유형의 행동을 장려하고자 제품별로 맞춤화하는 특성이 있다. 예를 들어 유튜브는 최소 30초 이상의 동영상을 본 경우에만 유효 조횟수로 계산한다. 페이스북은 동영상 플랫폼이 아니기에 동영상 유효 조횟수는 유튜브보다 훨씬 짧은 3초를 기준으로 계산한다.

유튜브와 페이스북의 지표를 비교한 [표 6-2]를 보자.

표 6-2 유튜브와 페이스북의 지표 비교

	유튜브	페이스북
성장 지표	• 일별/월별 활성 사용자 • 총 신규 사용자 • 활성화된 사용자	• 사용자당 동영상 조횟수 • 사용자당 평균 시청 시간
참여 지표	• 신규 사용자 • 일별/월별 활성 사용자	• 게시된 메시지 수 • 웹사이트에서 보낸 시간 • 사용자가 주고받는 평균 '좋아요' 수

[표 6-2]를 보면 알 수 있듯이 유튜브와 페이스북의 성장 지표는 비슷할 수 있지만 참여 지표는 서비스 형태와 비즈니스 유형에 따라 매우 다르다.

네 번째로 살펴볼 지표는 '고객 만족 지표customer satisfaction metric'다. 사용자가 제품에 얼마나 만족하고 있는지 추적 및 측정하는 지표다. 가장 대표적인 방법에는 NPS 조사가 있다. 특정 애플리케이션에 대한 애플리케이션 스토어 등급 조사도 비슷한 지표다. NPS는 3장에서 다뤘기에 여기서는 설명을 생략한다. 실제로 고객 만족도 조사는 측정이 상당히 어렵고 여러 가지 편향적인 데이터가 숨어 있을 수 있다. 그러나 데이터 중요도는 매우 높고 빠르게 실행에 옮기면 고객과의 관계를 크게 반전시킬 수 있는 만큼 소중하게 다뤄야 할 지표다.

다섯 번째로 살펴볼 지표는 '수익 지표$^{revenue metric}$'다. 수익에 관련 지표다. '수익은 얼마인가?'라는 매우 일반적인 질문에 수익을 확인할 수 있는 다양한 방법이 있다. 이는 프로덕트 성공과 지속 가능한 가치 생산이 최고 목표인 PM에게 매우 중요하다. 측정 항목에는 LTV$^{lifetime value}$와 CAC$^{customer acquisition cost}$가 있다.

LTV는 평생 가치를 나타낸다. 현재 고객이 제품이나 서비스를 사용하면서 지불하는 수입이다. CAC는 새 고객을 발굴하는 데 사용하는 마케팅 및 광고, 인터뷰 비용이다. 당연히 LTV 수입이 CAC 비용보다 많아야 적자가 나지 않는다. 보통 LTV가 CAC보다 세 배 정도 많아야 PMF에 맞는다고 한다. 요즘 많은 기업의 서비스 수익 모델이 구독^{subscription} 기반으로 바뀌면서 월간 반복 수익$^{monthly recurring revenue}$(MRR)과 연간 반복 수익$^{annual recurring revenue}$(ARR) 지표가 중요하게 다뤄진다. 라이선스를 한 번 팔아서 수익을 올리는 모델이 아닌 매월, 매년 꾸준히 수익이 발생할 것이라는 파이프라인을 보여주는 것이 구독 모델의 수익 지표가 된 것은 당연한 변화다.

지금까지 다섯 가지 유형의 지표를 알아봤다. 현재의 프로덕트 상태를 체크하는 수많은 지표 중 일부는 모든 기업의 전반에 걸쳐 동일할 것이고 대부분은 제품/서비스 유형과 특성에 따라 다를 것이다. 다양한 범주의 지표를 갖는 목적은 제품과 서비스 사용에 관한 라이프 사이클을 효과적으로 관리하기 위해서다. PM이라면 성장과 활성화, 유지, 참여, 고객 만족, 수익 지표까지 모두 설계 및 분석을 잘할 줄 알아야 한다. 프로덕트 성공에 한 발 더 가까워질 것이다.

6.2.2 허세 지표란

어떤 지표가 나쁜 지표, 즉 허세 지표인지 구별해보자. 허세 지표는 '데이터를 얻는 데 큰 노력이 필요 없으며 보는 이의 기분을 좋게 할 수는 있지만 무엇을 하면 되는지 프로젝트/비즈니스 인사이트를 제공하지 못하는 지표'로 정의할 수 있다. 주로 제품/서비스 홍보나 마케팅 쪽에서 투자자나 비전문가들을 대상으로 하는 PR을 할 때 혹은 언론에 홍보 자료를 제공하는 경우에 많이 나타난다. 엔지니어링 프로젝트 진행 중 내부 회의 자료에 등장하기도 한다.

대표적인 허세 지표로 두 가지가 있다.

첫째, 누적 지표다. 스스로를 과대 포장해 보여주는 대표적인 허세 지표다. 제품이 얼마나 인기 있으며 해당 애플리케이션 및 뉴스피드 그리고 개인 인플루언서가 얼마나 인기 있는지 보여줄 때 꼭 등장하는 지표다.

누적 지표에는 다음과 같은 유형이 있다.

- 웹 페이지 뷰 수
- 애플리케이션 다운로드 수
- 팔로워 수
- 좋아요 수
- 가입자 수

왜 허세^{vanity}라고 할까? 지표의 숫자를 얻는 데 내 노력과 역할이 얼마나 공헌한 것인지를 명확히 구분할 수 없기 때문이다. 숫자에 따라 다음 달, 다음 해에 무엇을 해야 하는지, 어떤 행동을 취해야 하는지 명확하지 않다. 대부분 지표가 나타내는 숫자만으로는 알 수 없으며 어떻게 해야 하는지도 모른다. 대부분 허세 지표는 누적 숫자다.

'애플리케이션 다운로드 수' 지표는 초기 프로모션이나 광고 효과로 내려받은 후 더 이상 사용하지 않거나 애플리케이션을 삭제한 경우에도 해당된다. 이 같은 경우도 숫자로 카운트된 상황이라 허수가 포함된 허세 지표다. '가입자 수' 역시 이탈이 생겨도 이탈 숫자는 추적하지 않는다.

누적 지표가 나쁜 이유는 '분석 노력 없이 쉽게 얻어지는 것'과 '지표의 명확성 부족' 때문이다. 숫자 자체의 표현 외에는 분석 백그라운드를 제공하지 않는다. 지표가 좋으면 모두 내 덕이며 지표가 나쁘면 네 탓이라고 생각하게 되는 나쁜 문화를 생성하기도 한다.

둘째, 팀 간 비교 지표다. 바깥으로 보여지는 지표뿐만 아니라 기업이나 조직 내부에도 존재한다. 굉장히 나쁜 형태로 말이다. 상관관계가 없는 데이터로 팀끼리 비교하는 지표로 사용할 때가 있다. 상관관계 없는 지표로 팀을 비교하면 즉시 독이 된다. 팀 사이 분위기가 나빠지는 것은 물론 지표의 타깃 값에 오염이 일어나기 시작한다.

측정치가 목표치가 되는 즉시 그 측정치는 지표로서의 가치를 잃는다.

'굿하트의 법칙Goodhart's law'이다. 목표치를 얻고자 모든 방법을 동원하면 원래 측정하려던 의도에 오염이 일어난다는 의미다. 예를 들어 제품과 서비스를 많은 사람에게 노출시키고자 제품 품질에 역량을 다하기보다는 검색엔진을 위한 SEO 작업을 통해 검색 랭킹을 올리는 데만 더욱 집중한다는 의미다.

영업 이익을 측정할 때 월말/분기말이 되면서 영업 팀은 팀 간 경쟁을 위해 밀어내기를 무리하게 하는 경우에도 해당된다. 영업 이익 자체가 줄어드는 결과가 나타나는 상황이다. 5.3절에서 개발 속도인 벨로시티를 설명할 때 강조했던 부분이 벨로시티는 KPI가 아니라 얼마나 많은 작업을 일관되고 안정적으로 수행할 수 있는지 추정하는 능력을 향상시키는 것이라고 했다. 즉 좋은 플래닝 도구를 퍼포먼스 관리하는 툴로 오용할 수 있다는 의미다. 백엔드 팀과 프런트엔드 팀 간 벨로시티 비교는 마치 굴착기와 엘리베이터 속도를 비교하는 것처럼 비합리적이다.

이 같은 상황이 여러 번 반복되면 개발 팀 내 다음과 같은 최악의 상황이 발생하기 시작한다.

- 스토리는 최대한 구체화하고 세분화해 작게 만들어야 하지만 큰 포인트를 얻고자 스토리를 세분화하지 않는다.
- 스토리 포인트에 거품을 넣어 큰 포인트로 만든다.
- 이번 스프린트에 스토리 포인트를 얻고자 개발이나 테스팅 작업을 철저하게 진행하지 않고 팀원 간 품질 합의가 진행된다.
- 제품/서비스의 전체 품질이 한순간에 저하되고 기술 부채는 다음 스프린트로 넘어간다(폭탄 돌리기).

6.2.3 좋은 지표의 조건

좋은 지표, 즉 실행 가능한 지표는 다음과 같은 네 가지 조건을 만족해야 한다.

- 이해할 수 있어야 한다.
- 비율로 표현할 수 있어야 한다.
- 상관관계가 있어야 한다.
- 변경할 수 있어야 한다.

[표 6-3]에서 볼 수 있듯이 허세 지표를 실행 가능한 지표로 바꿔 추적하는 것이 좋은 PM이 할 일이다.

표 6-3 허세 지표와 좋은 지표 비교

허세 지표	좋은 지표
소셜미디어 팔로워 수	소셜미디어의 참여율
이메일 구독자 수	이메일 구독 신청률
마케팅 소비 비용	투자자본수익률(return on investment(ROI))
페이지 뷰	구매전환율(conversion rate(CVR))
확보된 전체 고객 수	한 명의 고객을 확보하는 데 사용하는 총비용(CAC)

6.2.4 지표 프레임워크

나쁜 지표와 좋은 지표를 알아봤다. 아직 프로덕트에 어떤 지표를 쓸지, 어떤 측정 항목이 중요한지 확신이 서지 않을 수 있다. 프로덕트에 어떤 지표를 써야 하는지, 어떤 측정 항목이 중요한 것인지에 대해서 지금부터 이 같은 고민을 해결해주는 지표 프레임워크를 설명하겠다. 바로 HEART 지표 프레임워크다.

HEART 프레임워크는 프로덕트에서 무슨 일이 일어나며 어떤 종류의 측정 항목을 고려해야 하는지 생각하는 데 도움을 준다. 고객 여정^{customer} ^{journey}에 대해 생각하는 것이 중요하다. 먼저 프로덕트를 속속들이 잘 알아야 가능하다.

HEART 프레임워크는 행복^{happiness}, 참여^{engagement}, 도입^{adoption} 및 유지^{retention}, 작업 성공$^{task\ success}$까지 다섯 가지 지표 기준으로 추적한다.

- **행복**: 사용자가 얼마나 행복한지에 대해서다. 고객에게 제품(서비스) 자체로 얼마

나 만족감을 전달하고 있는가를 나타내는 지표다.

- **참여**: 현재 제품 사용자가 단기적으로 얼마나 제품을 열심히 사용하고 있는가에 대해서다. 매우 장기간에 걸친 참여도가 아니다. 한 달에 한 번 사용하러 방문하는 것이 아닌 하루, 일주일 단위로 얼마나 자주 열심히 사용하는지를 나타내는 지표다.

- **도입**: 얼마나 많은 사용자가 우리 제품을 실제로 사용했는지에 대해서다. 로그인한 적이 있는지, 실제로 서비스에 들어가서 어떤 액션을 취했는지(예: 쇼핑몰이라면 주문을 했는가)를 나타내는 실제 지표다.

- **유지**: 기본적으로 사용자가 장기간에 걸쳐 꾸준히 이용하는지 추적해 나타내는 지표다.

- **작업 성공**: 사용자가 우리 제품으로 해결할 수 있는 일이 최소한 한 가지 이상이라는 것을 확인하는 지표다.

H	happiness(행복)	사용자는 얼마나 행복한가?
E	engagement(참여)	사용자 참여도는 얼마인가?
A	adoption(도입)	얼마나 많은 사용자가 제품을 사용해봤는가?
R	retention(유지)	사용자가 재방문하는가?
T	task success(작업 성공)	사용자가 제품으로 해야 할 가장 중요한 일은 무엇이며 실제로 그 일을 하는가?

그림 6-5 HEART 프레임워크

HEART 프레임워크를 진행하려면 목표^{goal}, 신호^{signal}와 지표^{metric} 열을 가진 표가 필요하다. 목표 열은 '어떤 일이 일어나기를 원하는가?', '목표는 무엇인가?' 같은 목표를 기술한다. 신호 열은 목표에 가까워지고 있는지 알기 위해 측정해야 하는 것은 무엇인지 기술한다. 지표 열은 목표 달성을 확인하는 실제 측정 항목이다.

가정 용품을 파는 쇼핑몰이라면 도입의 목표는 무엇일까? 목표치를 다음과 같이 가정하자. 1회 방문 시 최소 1만 원 구매를 하는 고객을 1만 명이상으로 최대화한다. 신호는 무엇이 될까? 최소 두 가지가 필요하다. 방문 시 1만 원 이상 구매한 고객 수와 쇼핑몰을 방문한 전체 고객 수가필요하다. 실제 지표에서 보여줘야 할 것은 '전체 방문 고객 중 1만 원 이상 구매한 고객 비율'이다. 이 고객 비율에 따라 구매 고객 수를 최대화하기 위한 방법을 지표로부터 찾아가는 연습이 필요하다.

표 6-4 HEART 프레임워크 평가 예

	goals 어떤 일이 일어나기를 원하는가?	signals 목표에 다가가고 있음을 알기 위해 측정해야 하는 항목은 무엇인가?	metrics 목표와 신호에 따라 실제 지표로 표현하는 방법은 무엇인가?
happiness		• 앱 스토어 평가 • NPS 스코어	• 시간에 따른 앱 스토어 평가 • NPS 스코어 최고점을 준 고객 비율
engagement			
adoption	1회 방문 시 최소 1만 원 이상 구매하는 고객을 최대화(1만 명 이상)	• 방문 시 1만 원 이상 구매한 고객의 수 • 쇼핑몰을 방문한 전체 고객 수	전체 방문 고객 중 1만 원 이상 구매한 고객 비율
retention			
task success			

프레임워크 이름이 'HEART'이기에 생기는 오해가 있다. 약어로 만들다 보니 순서가 행복, 참여, 도입, 유지, 작업 성공으로 정했지만 실제 고객의 프로덕트 여정을 생각하면 잘못된 순서다. 지표를 생성할 때는 고객이 실제로 프로덕트를 사용하는 순으로 해야 한다. 올바른 순서는 프로덕트를 채택해 도입하고 원하는 일을 성공적으로 수행한 후 참여도가 증가하고 꾸준히 유지된다. 그 후 고객의 만족도가 증가한다. 즉 ATERH가 된다.

HEART 프레임워크는 무엇보다 이해하기 매우 쉽다. 어떤 프로덕트에도 적용해 사용할 수 있으며 매우 유연하다. 또한, 모든 측정 항목을 사용할 필요는 없다. 시기와 상황에 맞게 중요한 측정 항목을 선택해 사용할 수도 있다. 신호 열은 측정 항목을 처리하고 추적하기 위한 가이드로 사용 가능하다.

6.3 OKR과 KPI

최근 OKR이라는 용어가 여기저기서 들린다. 인텔의 전설적인 경영자 앤디 그로브[Andy Grove]가 처음 개념화하고 구글이 보완해 성공적으로 운영하는 성능 평가 방법이다. OKR 특징은 다음과 같다.

- 상위 목표를 달성하기 위한 구체적 계획을 하위 목표로 두고 계층화해 성능을 추적하는 방법이다.
- 위에서 지시하는 목표가 아닌 직원이 직접 중요 목표와 결과를 설정한다.
- 중요 목표와 결과는 매우 도전적으로 설정해야 한다.

KPI나 MBO[management by objectives](목표 관리)와 무엇이 다른 것인지 헷갈릴 수 있다. 피터 드러커[Peter Drucker]의 경영 철학에서 시작한 개념인 MBO가 SMART 목표 체계와 만나면서 KPI로 발전했다.

그림 6-6 MBO와 SMART 목표 체계, KPI

서로 중복될 수 있지만 KPI와 OKR은 분명히 다르다. KPI와 OKR에 공통적으로 있는 'K[key]'의 뜻을 알아보자. 무엇을 핵심으로 하느냐에 차이가 있다. OKR은 result, 즉 가장 중요한 결과에 집중한다는 개념이라면

KPI는 indicator, index 같은 표식에 집중한다는 의미다.

6.3.1 KPI

'핵심 성과 지표'를 의미하는 KPI는 기업 및 개인, 프로그램, 프로젝트, 특정 작업 등 추적하고자 하는 대상을 일정 단위의 시간 경과에 따른 성과를 기준으로 평가하는 데 사용한다. 특이한 경우의 값이 생길 수는 있으나 일반적으로 KPI는 처음 설정을 할 때 다음의 세 가지에 초점을 맞춰야 한다.

- 목표치와 비교해 반드시 측정 가능해야 한다.
- 동원할 수 있는 자원(비용, 인력, 시간)을 어디에 집중해야 하는지가 명확해야 한다.
- 기업 전체나 조직의 큰 전략 목표에 상하위 연결성을 가져야 한다.

이때 중요한 것은 무조건 측정 가능한 KPI여야 한다는 점이다. 다만 감시를 위한 평가 자료로 측정을 사용하기보다는 현재 위치와 능력치를 검증하는 데 사용하는 것이 좋다. "측정할 수 없다면 관리될 수 없다"라는 피터 드러커의 말이 이를 잘 드러낸다. 상대적으로 숫자화하기 쉬운 정량적 값을 추가하면 비즈니스 컨텍스트를 더욱 쉽게 이해할 수 있으며 시간이 지난 후 측정 대상 목표와 성능을 비교할 수 있다. 이는 얼마나 훌륭한가 나쁜가를 나타내야 하는 정성적, 즉 품질을 보여주는 KPI 생성은 가능하지만 데이터에 대한 혼란과 주관적인 해석을 초래할 수 있어 비즈니스 세계에서는 권장하지 않는다.

모든 업계에 걸친 KPI 예는 수도 없이 많다. KPI는 기업이 진행 상황을 평가하고 목표에 성공적으로 도달하는 데 사용하는 대부분의 정량적/수량적 척도다. 부서별로, 업종별로 KPI를 분류할 수 있으며 각 특성을 담을 수 있다. 다음의 예를 보자.

- **IT 부서**: 매월 평균 매출, 고객 유지 또는 이탈, 티켓 해결 시간, MAU, DAU
- **리테일**: 평방 미터당 매출, 매장별 매출, 직원별 매출
- **HR**: 채용률, 이직률, 직원 실석, 평균 근무 기간, 성별 진급률
- **세일즈 부서**: 고객 가치, 매출, 분기별 파이프라인

KPI 목적은 측정 가능해야 한다는 것이므로 절대 모호한 값을 설정해서는 안 된다. KPI를 목표에 묶어 제공하고 비교가 될 만한 표준 목표치(예: 업계 평균, 연도별 성장 등)와 비교한다. 일반적으로 KPI는 하향식으로 진행하는 방법이다. 경영 리더가 검토한 후 조직의 모든 성과 지표를 선택적으로 사용한다. 즉 전략적 차원에서 기업에 가장 큰 영향이 있고 가치 있는 지표만 추적하고 측정하려고 하는 경향이 강하다.

6.3.2 OKR

목표 및 핵심 결과의 약자인 OKR은 더욱 구체적으로 주요 핵심 결과와 연결된다. OKR은 전략적 프레임워크인 반면 KPI는 프레임워크 내 존재하는 측정치 평가 지표다. [그림 6-7]을 보자.

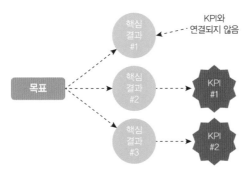

그림 6-7 OKR과 KPI 관계

OKR은 목표 달성을 트래킹하고자 특정 지표를 사용하는 매우 단순한 흑백 접근 방법이다. 일반적으로 기업 조직은 3~5개의 상위 목표^objective 와 목표당 3~5개의 핵심 결과^key result를 갖는다. 핵심 결과는 목표에 대한 명확한 성능 평가를 얻기 위해 수치로 등급이 매겨진다.

OKR 특성은 다음과 같다.

- 항상 수량화/정량화가 가능해야 한다.
- 0 또는 1의 바이너리 상태(성공/실패, 달성/미달성, 활성/비활성)나 0~10, 0~100의 척도를 갖고 점수를 부여할 수 있어야 한다.
- 명확한 타임라인과 매우 공격적인 달성 목표가 설정돼야 한다.

OKR 프레임워크는 구글과 인텔이 사용하면서 대중화됐다. 현재 SAP, 아마존, 링크드인, 스포티파이 같은 기업에서도 목표 관리를 위해 사용한다. OKR은 성장에 초점을 맞춘 조직에 적합하다. 혼란을 일으키기 위해서가 아니라 조직의 KPI가 OKR 프레임워크에서 사용되는 주요 결과와 동일하게 사용되기도 한다. 큰 목표치를 OKR에서 설정하면 목표를 달성하기 위한 다양한 결과치를 확인하는 과정에서 각 결과치에 가장 적합한 KPI를 설정한다. 이 모든 과정은 기업 조직의 경험과 충분한 토론 과정, 업무의 적합도를 검토한 후 적용하는 것이 좋다. 기존 프로덕트의 버전 업이나 유지 보수를 하는 이미 성숙된 구조를 가진 팀보다는 새로운 기술을 사용하는 클라우드, 모바일, 메타버스 같은 빠른 혁신을 요하는 그룹에서 OKR을 적용하는 것이 대표적인 예다.

OKR은 성장이라는 큰 틀의 목표 위에 구축되므로 직원과 조직을 매우 도전적이고 공격적인 '거의 불가능에 가까운' 선까지 밀어붙인다. 빠르고 공격적인 성장을 위한 연속적인 반복의 과정이다. OKR의 예를 보자.

표 6-5 OKR 설정 예

목표 1	모든 채널을 통해 사용자 경험을 개선시킨다.
핵심 결과 1	순고객추천지수를 5에서 8.5로 개선한다.
핵심 결과 2	채널 간 고객 확보율을 30%에서 50%로 높인다.
핵심 결과 3	고객 불만 사항을 30% 줄인다.
목표 2	**수익률을 높인다.**
핵심 결과 1	유럽 세일즈 헤드를 고용한다.
핵심 결과 2	온라인 판매비율을 70% 이상으로 강화한다.
핵심 결과 3	고객 이탈률을 5% 이하로 유지한다.
목표 3	**새로운 서비스를 성공적으로 론칭한다.**
핵심 결과 1	기존 서비스 구독자의 전환율을 80% 이상으로 끌어올린다.
핵심 결과 2	서비스로 유입되는 블로그 채널 접속률을 30% 이상 올린다.
핵심 결과 3	아이돌 스타와의 연계 마케팅으로 신규 사용자를 30% 이상 추가한다.

비즈니스의 모든 부분에서 가시성이 확보된 상태가 아니라면 OKR을 설정하는 것은 바람직하지 않다. OKR은 직원 수준에서 시작한 후 관리자, 부서장 등 피라미드 구조로 만들어 확장 목표를 달성해야 한다. 기업 조직이 유지 보수를 주요 사업으로 하거나 완만한 성장을 하는 경우에도 OKR은 적합하지 않다. OKR은 공격적이고 빠른 혁신적 성장 목표를 갖는 스타트업에 더욱 효과 있다.

하향식 관리가 더 좋다, 상향식 관리가 더 좋다고 오해하지 말자. 다른 하나보다 좋은 것은 아니다. KPI보다 OKR이 더 발전된 관리 기법이라고 할 수 있는 것도 아니다.

KPI는 직원 및 개별 팀의 생산성, 효과 및 효율성을 점검하는 역할을 하기에 안정감 있는 관리가 가능하다. OKR을 도입해 실행하는 업무와 팀은 큰 목표에 집중하기 때문에 목표 달성 방법과 관련해 목소리와 아이디어를 더욱 적극적으로 낼 수 있다. 또한, 공격적으로 팀을 자극할 수도 있다. 이에 따라 조직의 민첩성과 유연성이 향상된다.

KPI와 OKR을 비교할 때 가장 많이 나오는 예가 '여행 가는 과정'이다. 서울에서 부산으로 갈 때 직접 운전하는 경우 OKR이 차량이고 KPI가 자동차 대시보드의 지표가 된다. KPI는 자동차가 목표를 향해 나아가면서 어떻게 움직이는지 알려준다. OKR은 자동차를 최종 목적지까지 데려가준다. OKR과 KPI로 동일한 목표를 달성할 수 있지만 서로 다른 기능을 수행한다. OKR은 비즈니스 목표(부산 도착)를 설정하고 전체 방향을 측정하며 더 큰 성공(더 빠르게 혹은 더 안전하게)을 달성하고자 다양한 접근 방식을 제공한다. KPI 대시보드로 연료 레벨, 엔진 오일 상태, 차량 속도 등 실시간 정보를 확인한다.

[표 6-6]처럼 OKR과 KPI를 표로 정리해봤다.

표 6-6 OKR과 KPI 비교

	OKR	KPI
전략	개인, 팀 및 모든 조직과 자유롭게 연결된 전략이다.	개인, 팀 간 상하위로 일치된 전략이다.
접근 방법	회사 목표를 달성하는 데 무엇이 중요한지 모두에게 알린다.	전체 전략을 통해 각 부서의 운영 활동 및 접근 방법을 모색한다.
중점	나타난 결과치보다는 결과의 이유에 집중한다.	나타난 결과치에 더욱 집중한다.
목표 설정	공격적인 목표치를 설정한다.	달성 가능한 목표치를 설정한다.
프레임워크	역할에 맞게 명확한 커뮤니케이션을 할 수 있는 프레임워크다.	조직 성과와 연계된 프레임워크다.
방식	상향식 및 하향식 방식이다.	리더십 주도다(하향식).
성격	성장 지향이다.	성과 관리를 중점으로 한다.

KPI와 OKR은 단순히 일어나는 상황을 측정하는 것이 아니다. 무엇을 하겠다는 액션 아이템을 정하려면 액션 아이템이 만들어낼 목표치를 먼저 설정해야 하듯이 고객과의 관계 개선이라는 OKR 목표가 있다면 고객과의 접촉 포인트를 넓히기 위해 일주일에 1회 이상 DM을 보내거나 전화를 하는 액션 아이템을 설정할 수 있다. 또한, 기존 고객과 관계가 향

상되면 '신규 고객의 웹사이트 방문 수'가 20% 이상 증가하는 KPI가 발생하고 증가 수치가 신규 고객 유치율 5% 성장이라는 핵심 결과를 만들어낼 수 있다. '회사의 수익률을 높인다'는 기본 목표 달성이 가능한 과정이 된다. 모든 비즈니스의 성공은 방법론 자체가 만들어주는 것이 아니다. 각 조직원이 새로운 프로세스와 방법론을 적극적으로 받아들이고 행동으로 보여주느냐에 달려 있다.

6.4 주의해야 할 네 가지 편향적 의사결정

팀 리더가 차기 버전에 구현할 기능에 대해 본인의 아이디어를 바탕으로 솔루션을 제안했다. 팀 내 시니어 개발자 사이먼이 구현할 예정이다.

"훌륭한 아이디어인데요! 구현은 어렵지 않을 듯합니다. 데이터베이스 빌드 두 개를 변경하고 기존 기능 두세 개의 인터페이스를 수정한 후 다시 연결하면 됩니다." 사이먼은 업무 예상량을 알려준다. "두세 시간이면 충분합니다. 비슷한 변경을 자주해서 잘 압니다." 자신 있는 표정으로 말을 끝낸다. 리더뿐만 아니라 미팅에 모인 모든 사람이 행복한 모습으로 미팅을 마친다.

기업의 개발 팀에서 쉽게 볼 수 있는 모습이다. 과연 예상한 두세 시간 내에 해결할 수 있을까? 예상한 시간 내에 해결되는 경우는 거의 없다. 사이먼은 팀 리더가 설명하는 짧은 시간에 여러 편향적 의사결정에 빠졌을 수 있다. 지나친 확신과 자신감에 기반한 잘못된 가정으로 업무에서 오류를 만들거나 예상보다 훨씬 긴 시간을 사용했던 경험이 한 번씩 있지 않은가?

6.4.1 편향의 중심에서 가치를 외치다

PM/PO의 일상 업무는 크고 작은 결정의 과정이다. 간단한 미팅 시간을 정하는 것부터 고객 요청 사항과 시장을 분석해 프로덕트의 비전과 로드맵을 작성한다. 사용자 스토리를 만들어 디자이너 및 개발 팀과 제품의 범위를 정하고 타임라인과 딜리버리 스케줄을 만든 후 사용자 조사 팀과 피드백을 주고받고 프로덕트 마케팅과 위닝 포인트 전략을 정한다. 각 프로세스 및 분야 전문가와 함께 순간순간의 결정을 해야 한다.

고객/사용자의 사용 만족도를 높이고 업무 생산성과 효율성을 최대한 제공하는 것이 프로덕트의 최고 목표다. 그러나 최근 시장은 B2B와 B2C를 구별하지 않는다. 전무후무한 변동성, 불확실성, 복잡성, 모호성을 최대 진폭으로 보여준다. 이 같은 어려운 환경에서 더욱 빛나는 가치를 제공하고자 PM은 오늘도 사용자 경험을 고민하고 빠른 퍼포먼스를 위해 연구하며 더 좋은 기능을 개발하고자 하는 노력을 각 전문가와 함께한다. PM이 결정하는 지점마다 결정을 지원하는 많은 데이터가 있다. 그것은 사용자 조사 결과일 수도, 베스트 프랙티스일 수도, 고객 피드백일 수도 있다. 진행 중인 프로젝트의 다양한 지표가 종합적인 의사결정 요소로 상호작용하게 된다.

가장 이성적이고 전략적인 의사결정을 해야 하는 순간이 오면 논리적이고 합리적이어야 한다. 데이터에 기반했다는 말로 얼마나 논리적이고 합리적이었는지 설명할 수는 있지만 데이터를 보는 방법에 오류나 편견, 편향이 없다고 할 수는 없다.

일반적으로 신속한 결정을 내리고자 지식과 경험을 총동원하고 결정에 가장 큰 영향을 미치는 키워드를 넣어 최적화된 선택을 골라낸다. '최적화된 선택'은 일생 동안 형성한 수천 가지 고정관념에서 비롯된다. 편향은 스펀지에 물이 스며들듯이 우리의 인격과 지능에 스며들어 있다. 편향에서 절대 자유로울 수 없다는 사실을 인지하고 인정하면서 시작해야 하는 이유다.

PM이 익혀야 하는 가장 어려운 기술은 의사결정 순간에 본인의 감정과 직감이라고 생각하는 느낌을 제거하고 전체 그림을 보는 것이다 [1]

리안 반 데 메르베 Rian van der Mer we

위키피디아가 분류한 인지 편향cognitive bia 종류는 약 200가지 정도로 많다. 이 또한 애매하고 부족한 분류라는 전문가 의견이 많다. 겹치는 부분이 많고 상호 연결된 것도 많다. 인지 편향은 의사결정을 내릴 때 가장 높은 우선순위인 원칙이다. 자연스럽게 무의식적으로 영향을 주는 나만의 법칙 같은 것이다. 그동안의 경험과 학습에 기인해 빠르면서도 효율적으로 동작하지만 오류에 빠질 위험도 높다. 그중에서 PM 직무를 수행하는 동안 좀 더 신중하게 꾸준히 경계하면서 극복해야 할 네 가지 대표적인 편향을 알아보고 편향을 제거하고 논리적인 결정을 하려면 어떻게 해야 할지 알아보자.

---

1   『Making It Right: Product Management For A Startup World』

6.4.2 확증 편향

확증 편향confirmation bias은 인지 편향을 이야기할 때 대표적으로 언급되는 편향 중 하나다. 자신이 옳다고 생각하는 정보만 받아들이고 신념과 일치하지 않는 정보는 무시하는, 보고 싶은 것만 보고 듣고 싶은 것만 듣는 경향을 말한다. 틀린 점을 발견하거나 지적받아도 인정하기보다는 본인의 생각이 옳다는 것을 확인시켜줄 정보 자료를 찾는 데 급급하다. 진실은 중요하지 않은 듯 보인다. '소셜미디어 버블'이라고도 하는 '필터 버블filter bubble' 같은 인터넷 검색의 개인 맞춤화[2]가 심화되면서 확증 편향에서 더욱 빠져나오기 힘들어진다.

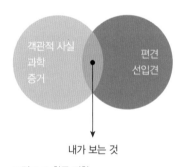

그림 6-8 확증 편향

PM이나 PO라면 본인이 가장 전문적인 업무 능력을 갖고 있다고 신념을 갖는 편향에 치우진 것이 해당한다. 전문가(시니어/엑스퍼트) 영역에 들어섰다고 판단하는 순간부터 업무를 하며 주의를 가져야 할 가정이나 시

---

2   특정 단어에 관심이 있어 검색하면 인터넷 환경에 그에 연관된 정보와 광고가 지속적으로 노출되는 현상을 의미한다.

나리오를 테스트하기보다는 내 의견이나 가설 등을 뒷받침하는 자료를 찾는다. 검증은 하지 않은 채 전문가 경험에 기초했다고 하거나 경험의 산물인 베스트 프랙티스라고 주장하기도 한다.

확증 편향의 가장 큰 폐해는 '당신의 의견이 틀렸다'는 반대 의견을 무시하기 쉽다는 점이다. 이미 전문가 위치에 있는 상황에서 반대 의견을 받아들이지 않는다는 것보다 더 심각한 것은 편향이 지속적으로 프로덕트를 만드는 프로세스에 영향을 미친다는 점이다. 가장 경계해야 할 편향이다. 예를 들어보겠다.

확증 편향의 예

첫 번째 경우를 살펴보자. '사용자 조사'나 '사용자 인터뷰'다. 제품/서비스를 릴리스나 론칭하려고 할 때 엔지니어링 그룹에서는 가장 먼저 사용자 조사나 고객의 요구 사항을 분석한다. 확증 편향의 시작은 사용자 요청 사항과 피드백을 분석하는 단계라고 생각할 수 있지만 무의식적으로 온라인/오프라인 설문 및 인터뷰 내용에 편향을 포함했을 수도 있다.

다음 질문을 보자.

> 기존의 수많은 기능 중에서 사용자 님이 원하는 특정 기능 X를 찾는 것은 얼마나 어렵나요?

매우 불만족										매우 만족
0	1	2	3	4	5	6	7	8	9	10

매우 전형적인 질문처럼 보인다. 질문에서 잘못된 부분은 무엇일까? 다

음과 같은 이유로 매우 나쁘고 잘못된 질문이다.

첫째, 질문 안에 이미 '얼마나 어렵나'라는 문장을 사용했다. 사용자가 '어렵지 않다' 또는 '쉽다'고 대답할 기회와 생각을 미리 제거한다. '어렵다'는 것만 질문에 내포해 설문 대상자에게 은연중에 '조금 혹은 매우 어렵다' 중 선택하라는 유도 질문의 형태다.

둘째, 어려움의 원인을 이미 '수많은 기능'이라는 말로 원인의 정당성과 한계를 부여한다.

셋째, 답을 얻는 방법 역시 NPS 방법을 사용해 이미 전제된 한쪽 부분, 즉 '얼마나 어려운지'의 데이터를 강요한다.

이 같은 질문으로 얻어진 데이터는 사용자의 본심을 정량화하기에 충분히 왜곡됐다. 왜곡된 데이터를 기반으로 이뤄지는 결정 역시 실제 사용자가 원하는 의견을 제대로 반영했다고 할 수 없다. 다음과 같이 열린 질문으로 바꿔볼 수 있다.

> 사용자 님은 특정 기능 X를 찾는 데 어려움이 있었나요? 있다면 그 이유는 무엇인가요?

수정한 열린 질문은 세 가지 성격을 띤다.

첫째, 이미 전제된 대답을 강요하지 않는다. '예/아니오'로 대답의 양면을 선택할 수 있도록 가이드한다.

둘째, 해당 상황일 때만 그 이유를 얻을 수 있기에 한쪽으로 몰고 가는 왜

곡을 방지할 수 있다.

셋째, 가정된 상황이 아닌 해당 상황에서만 얻을 수 있는 데이터이기에 충분히 정제돼 실제 프로덕트 디자인에 도움이 되는 고품질 피드백을 얻을 수 있다.

PM은 항상 편향을 경계하고 사용자 조사나 UX 디자이너의 기술 통계 데이터를 낼 때 신중하게 결정해야 한다. 그렇지 않으면 해당 통계 데이터를 최종 결정의 기준으로 삼아도 시각화한 대시보드의 지표가 이미 편향된다. 또한, 의도적으로 긍정적 지표만 이용하게 되기도 한다. 고객이 에스프레소보다 아메리카노를 많이 선택했어도 고객이 가장 좋아하는 음료는 아메리카노가 아닐 수 있듯이 말이다. 아예 커피를 좋아하지 않는 고객을 미리 잘 선별했느냐에 집중해야 한다.

두 번째 경우를 보자. '개발'이나 '테스트'다. 소프트웨어 개발자가 경험이 많아지고 능력을 인정받으면 지나친 자신감과 낙관적인 모습을 보여주는 경우가 있다. 경험 많고 능력 있는 동료 개발자 중 한 명이 기존 코드를 확인하지 않고 새로운 기능은 쉽게 구현할 수 있으며 시간 또한 얼마 걸리지 않을 것이라고 주장하는 모습을 본 적 있지 않은가? 실제로 가정과 예측이 크게 틀렸다고 판명이 나서 굉장히 고생하고 결과적으로 예상보다 개발 작업 시간이 몇 배 더 걸렸을 것이다.

경험이 많아지면 업무나 작업을 평가할 때 매우 낙관적이 되는 경향이 있다. 개발자를 포함한 엔지니어는 다른 직군보다 낙관적 편향에 더 많이 빠졌다. 해야 할 작업이 추상적인 경우 낙관적 확증 편향이 더 쉽게 드러난다. 낙관적 확증 편향의 나쁜 점은 작업을 추정하는 것과 작업 요구 사항을 철저하게 이해하는 데 방해가 된다는 점이다. 개발 작업의 구현과 관련된 세부 사항을 보지 않더라도 나 같은 전문가라면 모든 것을 이해한다고 생각하기 쉽다. 결국 구현할 기능을 잘못 이해하고 아무도 원하지 않는 잘못된 구현으로 이어질 수 있다.

제품을 테스트할 때도 확증 편향은 곳곳에서 나타난다. 제품의 유닛 테스트나 통합 테스트를 할 때 최대한 일어날 수 있는 실수와 오류를 포착하려고 노력하는 대신 정상적으로 동작하는 정의된 제품만 테스트하는 경우가 많다. 이미 정해 놓은 시나리오에만 맞춘 테스트다. 개발자가 작성한 코드가 의도한 대로 수행되는지 확인하는 것에 불과하다. 정상적인 경로만 테스트하는 것은 매우 위험하다. 사용자의 제품 사용 프로세스와 환경은 상상할 수 없을 정도로 많은 조합이 있다. 단순한 입력 필드에도 여러 나라 문자가 입력될 수 있다. 이모지뿐만 아니라 HTML 태그, SQL 문장이 입력돼 오동작을 일으킬 수도 있다. 모든 조합을 테스트할 수는 없지만 정의된 '행복한 경로happy path 테스팅'에만 머물러서는 안 된다.

확증 편향을 피하는 연습

확증 편향에 빠지지 않으려면 어떻게 해야 할까? 일본의 유명한 경영 컨설턴트인 고미야 가즈요시의 말이 확증 편향을 잘 대변해준다.

> 관심을 가지면 보인다. 믿음을 가지면 보이지 않는다.[3]
>
> **고미야 가즈요시**

첫 번째 경우였던 '사용자 조사'나 '사용자 인터뷰'를 보자.

첫째, 편향을 갖고 있다는 사실을 늘 인식하고 받아들인다. 굉장히 당연한 이야기이지만 가장 중요한 출발점이다.

둘째, 사용자 조사, 인터뷰 및 피드백을 받을 때 질문은 반드시 대답의 범주를 제한하는 유도 질문을 철저하게 제한한다.

셋째, 여러 계층을 대표하는 고객 및 사용자, 동료, 이해관계자에게 균형된 피드백을 받는다. 확증 편향은 수집 데이터가 많으면 많을수록 약해지는 경향을 갖는다.

넷째, 목표치 설정을 팀 리더(개발, 디자이너, 프로덕트 리더십)와 함께하거나 PM이 직접 리더에게 '왜'에 대한 배경을 설명하고 리뷰와 의견을 구한다.

다섯째, 결정할 때마다 '무엇'이 아닌 결정이 필요했던 배경 '왜'를 충분히 만족히는지 리뷰힌다.

두 번째 경우였던 '개발'이나 '테스트'를 보자.

---

3   「창조적 발견력」(토네이도, 2008)

첫째, 낙관적 편향에 빠지는 것을 방지하는 체크리스트를 준비한다. 예를 들면 다음과 같다.

- 문제를 일으킬 수 있는 것과 관련된 모듈을 모두 체크했는가?
- 구현 방법이 잘못될 가능성의 시나리오는 무엇인가?
- 우리가 수정하는 것과 관련된 코드, API, 컴포넌트, 프로덕트, 버전, 문서, 설명서와 같은 모든 종류의 관련성과 의존성에 대해 충분히 고려했는가?
- 추정하기 전에 개발 코드 리더의 생각은 어떠한가?

둘째, 이중 루프 학습 접근 방식을 사용한다. 동료의 기능 구현 가정에 의문을 제기하는 것이 정당한 이유라면 항상 좋은 일이다. 목표는 그 사람의 능력이나 경험을 폄하하는 것이 아니다. 편견을 피하기 위해서다. 이중 루프 학습 접근 방식이 바로 그 역할을 한다. 아이디어를 낸 동료가 사용한 기본 모델이 아닌 다른 멘탈 모델을 사용해 문제를 다르게 구성하고 질문과 리뷰를 하는 과정이다.

셋째, 작업을 작게 나눈다. 미래의 기능을 예측하는 것은 어렵다. 세부 사항과 복잡성으로 가득 찬 거대한 기능을 추정하는 것은 더 어렵다. 기능이 크다면 의미 있는 단위로 분해하고 더욱 자주 딜리버리해 예상대로 동작하는지 확인한다.

넷째, 작업 추정 변경을 지속적으로 기록한다. 나 자신과 팀 동료의 추정치를 기록하고 지나치게 낙관적인지 아닌지 직접 확인하는 것이 좋다. 아이디어 추정이 틀릴 때마다 이유를 물어보고 원인을 찾는 것은 도움이 된다. 다음 개발 작업을 할 때 귀한 경험으로 재사용된다.

다섯째, 실패를 위한 테스트를 한다. 의식적으로 행복한 경로 테스팅에서 벗어나려는 노력해야 한다. 자동화 테스트는 행복 경로를 고착화할 수 있는 위험이 매우 크다. 매뉴얼 테스트로 부족한 부분을 메우는 노력을 병행해야 한다.

여섯째, 테스트 결과의 패턴을 추적한다. 버그나 오류 형태를 추적하고 패턴을 찾아 버그나 오류가 확정 편향 때문에 생성된 것이 아닌지 확인한다. 특정 문자열 입력 박스의 기능 사양이 일부 특수 문자의 입력을 제한해야 하는데 잘못된 구현으로 입력을 허용했다면 여러 부분에서 재사용됐을 가능성이 높다. 잠재적으로 해당 코드를 사용하는 곳에서는 모두 버그와 오류가 생길 수 있다는 가정을 만들어 테스트해야 한다. 발견한 시점에서 개발 오너에게 알리고 왜 그런 구현을 했는지 파악하고 발견한 것을 공유한다. 이 같은 구현 방법이 왜 나쁜지 설명하고 증상을 단순히 수정하는 것이 아닌 근본 문제를 수정해야 한다.

6.4.3 매몰비용 오류 편향

"묻고 더블로 가!"

매몰비용 오류 편향sunk-cost fallacy bias을 가장 쉽게 설명할 수 있는 말이다. 불확실하고 승산도 없어 보이는데 지금까지 매몰된 비용의 본전 생각과 비논리적인 오기가 합쳐져 나타나는 현상이다.

그림 6-9 매몰비용 오류 편향

존경하는 경영 구루들은 항상 '비즈니스는 언제 시작하느냐보다 어디서 멈추는지 아는 것이 훨씬 중요하다'고 한다. 노키아와 블랙베리의 성공을 이끌었던 수많은 PM들은 iOS가 시장을 잠식할 때 왜 한물간 심비안 Symbian이나 블랙베리 OS BlackBerry OS로 무리한 경쟁을 계속했을까? 카메라 필름의 최강자였고 디지털카메라를 최초로 개발했으면서도 시장에서 사라진 코닥Kodak의 운명은 누가 결정한 것이었을까? 재미없는 영화이지만 투자한 시간 때문에 혹은 남들 눈치 때문에 영화가 끝날 때까지 영화관에서 나오지 못하고 지루한 시간을 보낸 적이 있을 것이다.

매몰비용 오류 편향은 이미 투자한 시간이나 노력, 비용 때문에 미래에 대한 불확실하지만 부정적인 결과를 예상해도 투자와 작업을 지속하는 상황을 말한다. 기존 프로덕트나 프로젝트에 장밋빛 미래가 보장되지 않는 상황이지만 투자가 더 필요한지 아니면 깨끗이 접고 새로운 부가가치를 만드는 쪽에 전력을 기울일지 결정하는 순간에 발생한다. 오래된

PHP 코드를 접고 Node.js로 다시 시작하는 것이 좋은지, 예정보다 기간과 비용이 계속 늘어나는 프로젝트를 유지 보수하면서 지속하는 것이 좋을지, 서비스 종료를 선언해야 할지 등을 결정할 때도 나타난다. 신규가 아닌 출시된 지 시간이 지난 프로젝트에 PM으로 배정받은 상황이라면 희생자 중 한 명일 수 있다. 여기서 중요한 것은 이번 한 번의 결정이 비슷한 경우에 다시 결정을 내려야 할 때 방향을 바꾸기 어렵게 만들 수 있다는 점이다.

이 같은 상황에 처하게 되면 많은 경우 기존 상황을 이어가는 쪽을 결정한다. 자존심을 지키고자 동료를 상대로 의견을 피력하고 결정을 담합하고 있는지도 모른다. 손실 회피 성향loss aversion이라는 심리적 요소가 편향을 만들게 된다. 손실 회피 성향은 이익을 얻을 때의 기쁨보다 손해 볼 때의 고통이 1.5~2배 정도 더 강하다.

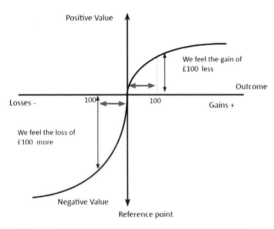

그림 6-10 손실 회피 성향은 이익 만족도와 균등하지 않다 © economicshelp.org

PM이라면 미래의 투자자본수익률$^{return\ on\ investment}$(ROI)이 낮게 예상되는 제품이지만 투자를 지속해 실패를 피하고자 하는 위험을 감수한다. 잘 진행되면 현재의 상황이 훨씬 나아질 수 있을 것이라는 장밋빛 희망을 품으면서 말이다. 만약 내가 아닌 동료 PM에게 일어난 일이라면 훨씬 이성적이고 논리적으로 상황을 바라본다. '미친 짓이니 당장 다른 대안을 세워'라고 쉽고도 당연한 이야기를 했을 것이다.

오래된 골리앗 기업이 다윗 같은 스타트업을 만났을 때 게임 룰에 당황하고 게임에서 허무하게 패배하는 결과를 만들기도 한다. 기존 제품의 사용자가 많거나 매출 의존도가 높은 경우에도 발생할 수 있다. 이때는 전략적 결정이 필요하다. 매몰비용 오류 편향은 예상되는 ROI가 매우 낮은 경우에도 지속적으로 정당성을 부여하는 비논리적 진행을 계속하는 경우다.

매몰비용 오류 편향의 예

프로덕트 개발 프로세스 중에서 매몰비용 편향이 가장 두드러지게 나타나는 부분은 기술 부채를 다룰 때다. 기술 부채는 현시점에서 더 오래 지속 가능할 수 있는 더 나은 접근 방식을 사용하는 대신 쉽지만 매우 제한된 솔루션을 채택해 발생되는 추가적인 재작업 비용을 말한다. 기술 부채의 영향은 매우 다양하게 나타난다. 단순하게 관리의 어려움 정도로 미미할 수도 있고 성능 저하처럼 심각한 문제로 발생하는 경우도 있다. 오래된 기술을 유지 보수하면서 새로운 기술로 전환하는 것이 미뤄지는 것처럼 프로덕트 생사를 결정하는 경우도 있다.

오래된 기술 스택을 유지 보수하는 것이 현재로서는 새로운 기술 스택으로 전환하는 것보다 전체 소요비용(금전, 시간, 인력)에서 유리한 결정일 수 있다. 훨씬 합리적인 결정으로 느껴질 수도 있다. 오래된 기술 스택에 지속적으로 투자하는 것은 새로운 고객을 발굴하는 투자는 거의 하지 않는 매몰비용이 된다. 새로운 고객은 새로운 테크놀로지와 패러다임을 갖춘 프로덕트를 원한다. 기존 고객 역시 디지털 전환을 하는 데 현재의 구식 기술은 새로운 흐름을 결정하는 걸림돌이라고 생각할 수 있다.

그러나 소프트웨어의 매몰비용 편향을 새로운 도전에 대한 주저로만 해석하면 안 된다. 새로운 도전을 준비하는 것은 생각보다 많이 복잡하며 많은 비용을 요구한다. 먼저 새로운 기술 스택을 보유한 엔지니어와 지원 팀이 필요하다. 일반적으로 노후한 기술 스택을 담당하는 엔지니어는 재교육을 받거나 직무 전환을 시도하기도 하지만 생각처럼 쉽게 이뤄지지 않는다. 또한, 기존 고객을 새로운 기술 스택으로 이동시키는 과정도 생각해야 한다. 몇 년 간은 두 개의 스택을 유지해야 하는 경우도 있다. 매몰비용 오류 편향은 절대로 최신 경향이 우선이 되거나 한두 문제의 해결에만 몰입돼 PM이 혼자 결정할 수 있는 부분이 아니다. 엔지니어링뿐만 아닌 모든 부문의 이해관계자를 포함해 고객과 심도 있는 논의를 하고 결정해야 할 중요한 사안이다.

예를 들어 웹 개발 기술 스택이 예전의 일체형 구조이고 모바일 대응에 구조적 어려움이 있다면 프런트엔드와 백엔드, 데이터베이스로 나눈 후 최적화된 기술 스택을 선택할 수 있다. 많은 개발 회사에서 사용하는

MEAN^{MongoDB, Express.js, AngularJS, Node.js}이나 플러터^{Flutter} 스택, 장고^{Django} 스택 등을 테스트해볼 수 있다. 더 중요한 것은 새로운 스택을 도입했을 때 장점뿐만 아니라 기존 서비스에서 제공하는 기능이 더 이상 동작하지 않게 되는 리그레션^{regression}에 유의해야 한다는 점이다. 이런 오류를 방지하고자 테스팅을 멀티스테이징 환경으로 구성해 단계적으로 확인하면서 배포하는 것이 좋다.

매몰비용 오류 편향을 피하는 연습

PM이 매몰비용 오류 편향을 가졌다면 잘못된 결정으로 이어지고 결국 제품에 영향을 미친다. 간단하지만 중요한 지표가 될 수 있는 질문을 해보자.

- 만약 지금 이 제품에 회사의 현재와 미래가 달린 상황이라도 같은 결정을 할 것인가?
- 기존 코드가 모두 삭제되고 없어졌어도 이런 방법으로 코드를 유지 보수할 것인가?
- 동료가 진행하는 프로젝트에 현재 결정이 옳다고 해줄 수 있는가?

솔직하고 용감한 질문이 도움이 될 수 있다. 그 후 다음과 같은 연습을 하면서 최적의 방법을 찾는다.

첫째, 매몰비용의 함정을 피한다. 지금까지 한 모든 투자는 미래의 의사결정에 고려해서는 안 된다는 사실을 인식하는 것이 매우 중요하다. 미래 비용과 이익을 기반으로 결정해야 한다. 잠재적인 매몰비용 상황에 빠지면 올바른 결정을 할 수 없다. 미리 위험을 완화하면 그 영향을 줄일 수 있다.

둘째, 점진적 방법으로 접근한다. 매몰비용 효과는 이익이 실현되기 전에 비용이 발생한다. 이를 피하려면 점진적으로 새로운 기술이나 기능, 좋은 인력에 꾸준히 투자한다. 새로운 프로덕트의 전체 릴리스나 끝날 때까지 기다리게 되면 ROI가 나빠진다. 작은 릴리스를 자주하고, 기존 프로세스와 코드, 컴포넌트를 최대한 재사용한다.

셋째, 다른 선택 옵션이 있는지 찾아본다. PM의 창의력이 필요하다. 실행하느냐 안 하느냐 결정 외에도 어떤 대안이 있을까 브레인스토밍한다. 두 가지 옵션 외에 더 많은 선택 옵션이 있을 수 있다. 예를 들어 메인 컴포넌트는 그대로 이용하고 나머지 부분을 새롭게 바꿀 수 있는 경우도 있다. 백엔드는 유지한 상태에서 프론트엔드만 바꾸는 경우도 있다. 프로덕트 개발로 해결하는 방법 외에도 고객과 이야기하면서 전환 플랜을 마련하고 단계적 계획을 수립할 수도 있다. 다양한 옵션을 생성하는 경우 각 옵션 비용, 위험 및 이점을 계산하는 과정이 필요하다.

6.4.4 이케아 효과/편향

이케아 효과/편향IKEA effect bias은 글로벌 가구 제조 기업인 이케아의 이름을 딴 재미있는 편향이다. '사람들은 본인이 직접 만든 제품은 실제보다 더욱 큰 가치를 부여한다'는 심리 효과다. 이케아 가구나 레고 장난감처럼 본인의 노력과 노동이 들어가면 결과물에 대한 가치 평가가 실제 가치보다 훨씬 높게 평가된다. PM뿐만 아니라 엔지니어에게도 공통적으로 많이 나타나는 편향이다.

노력했다면 정당한 평가를 받을 것이라고 믿는다. 비즈니스 세계에서는 반드시 일어나는 상황이 아니다. PM이 꼼꼼하게 사용자 요구 사항을 분석하고 전략을 세웠다고 반드시 해당 제품/서비스가 성공하지는 않는 것처럼 말이다. 매몰비용 오류 편향 현상으로 나타나기도 한다. 노력을 이만큼 했으니 이번에 성공적이지 못한 것은 다른 환경 탓이라고 하는 것이다.

개발자나 디자이너 출신의 PM이라면 더욱 짙게 나타나는 편향이다. 우리 팀이 생산한 코드, 디자인 프로세스는 다소 비논리적이어도 배타적으로 옹호하고 호소한다. 개발자 출신의 PM은 개발자 의견과 목소리에 훨씬 귀를 기울이고 무게감을 준다. 실패해도 훨씬 관대한 평가를 내리기도 한다. 자신의 성과에 자부심과 자긍심을 갖는 것은 당연하지만 주관적으로 노력과 투자 부분을 해석하는 것은 PM이 경계해야 할 편향이다. 이케아 효과로 부풀려진 본인의 노력이 궁극적으로 제품 경쟁력과 마켓 셰어보다 중요할 수는 없다.

이케아 효과 편향의 예

이케아 효과/편향은 업무 여기저기서 나타난다. 스스로 개발한 제품이나 서비스뿐만 아니라 기본 프로세스를 개선했거나 스스로 만든 프로덕트 데모에서도 본인이나 팀이 이룬 결과에 실제 성과보다 훨씬 큰 가치를 기대한다. 이런 현상은 매몰비용 오류 편향의 형태나 확증 편향의 형태로도 나타난다.

이케아 효과/편향은 인수 합병을 하고 제품의 통합을 토의하는 자리에서 아주 극명하게 나타난다. 기술 회사의 인수 합병의 예를 들어보자. 기업용 비즈니스 솔루션을 제공하는 기업 A는 솔루션 패키지 중 회계 분석 프로덕트가 상대적으로 경쟁 제품보다 약하다. 매번 입찰 경쟁에서 기능 열세로 선택되지 않는다. 분석 회계 제품만 전문으로 제공하는 매우 경쟁력 있는 회사 B를 인수 합병하기로 결정했다. A와 B의 분석회계프로덕트 팀이 모여 차기 회계 분서 제품 통합 로드맵을 위한 회의를 시작했다.

이때 이해가 안 되는 상황이 빈번하게 발생한다. 회사 A는 상대적 열세를 만회하고자 B를 인수했다. B가 가진 회계 분석 제품이 A 제품보다 우수하다는 전제로 인수했는데 통합 미팅에서 A 제품에 B 제품의 기능 몇 가지를 통합하자고 제안하는 것이다. 회사 A는 A 제품이 얼마나 우수하며 활용성이 높은지를 설명하느라 애를 쓴다. B 제품의 실체를 알려고 노력하지 않는다. 이를 정치적으로 해석할 필요는 없다. A사 엔지니어링 매니저들은 실제로 본인들의 제품이 B 제품보다 우수하다고 생각한다. 단지 올바른 판매망을 갖추지 못했거나 실제 가치를 이해하지 못하는 고객 때문에 제품이 널리 알려지지 못했다고 생각한다. 시간이 지나면 경영진이 원하는 모양의 통합 제품이 출시되지만 기술적으로 최적화된 제품과는 거리가 먼 형태로 나타난다. 매우 심각한 통합 모델이다. 단순히 자사 제품에 대한 애정이 도를 넘어 이케아 효과/편향으로 발전하면 해당 제품은 제품으로서 시장 경쟁력을 잃는다. 제품이 경쟁력을 잃는다는 사실은 곧 생명력을 잃는다는 의미다.

한 가지 예를 더 들어보자. 예전에는 프로덕트를 만들 때 기본 컴포넌트부터 자체적으로 제작하는 것이 당연했다. 세월이 지나면서 같은 기능을 하는 오픈 소스 컴포넌트가 등장했다. 기능 개선도 빠르고 확장성도 뛰어나다. 장점이 많아졌다. 이때 개발 매니저는 홈메이드 컴포넌트를 오픈 소스로 바꾸고자 계획한다. 컴포넌트 오너를 찾아 대화를 시작한다. 대화가 잘 안 된다. 본인들이 만든 것의 장점을 설명하면서 오픈 소스 컴포넌트의 약점을 지적하고 교체 계획을 반대한다. 제품의 미래 경쟁력과 생명력에 문제가 생기게 된다.

이케아 효과/편향을 피하는 연습

프로덕트 사용자에게 이케아 효과/편향을 적용할 수만 있다면 충성 사용자를 확보하는 데 큰 도움이 된다. 예를 들어 노션Notion이나 에어테이블Airtable을 처음 사용할 때 온보딩 흐름을 잘 살펴보기 바란다. 템플릿이나 페이지를 '자신의 것으로 만든' 것처럼 느끼게 하는 개인화 특정 단계가 있다. 해당 페이지나 결과물에 애착이 증가해 프로덕트의 충성 사용자로 발전할 수 있다.

그렇다면 이케아 효과/편향을 피하거나 장점으로 승화시키려면 어떻게 해야 할까?

첫째, PM으로서 개발 및 디자인, 지원 팀 간 적절한 조율을 하는지 항상 체크한다.

둘째, 올바른 성과 지표를 프로젝트 시작에 맞춰 준비하고 지속적으로 리뷰한다.

셋째, 팀 간 우위를 경쟁하는 것이 아닌 팀 전체의 협업이 제품/서비스를 성공시킨다는 공통의 목표를 꾸준히 주지시킨다.

넷째, 우리 팀의 결과물을 다른 팀에 제공하는 크로스 레퍼런스cross reference를 적극적으로 활용한다. 고객 관점에서 타사의 경쟁 제품을 분서차고 진행한다.

다섯째, 중요한 마일스톤마다 객관적 위치에 있는 전문가(다른 팀의 개발, 디자인 전문가, 비즈니스 사용자, 컨설턴트 등)를 활용하고 리뷰하며 잘못된 점은 빠르게 수정한다. 프로젝트를 감정적으로 대하지 않고 다양한 분야의 전문가에게 객관적인 검토와 의견을 받는다. 전문가만 우리가 겪는 '의사 결정의 복잡성'을 이해한다. 부풀려지고 잘못된 내 위주의 평가 기준으로 현재 상황을 지속시키는 일은 제품 경쟁력과 생명력에 해가 끼친다.

여섯째, 애널리스트의 제품 분석 기사나 방법을 주시하고 학습해 최대한 분석 평가에서 균형감을 기른다.

6.4.5 오류 합의 편향

오류 합의 편향false-consensus bias은 매우 빈번하고 끊임없이 그리고 모든 조직에서 공통적으로 일어난다. 내가 생각하고 행동하는 것처럼 다른 사람도 분명 그럴 것이라고 '오류 합의'를 하는 일종의 확증 편향이다. 엔지니어링 그룹의 시니어나 전문가 레벨에서 더욱 짙게 나타나는 경향이 있다. 경험 또는 인사이트라고 할 수도 있지만 영향력으로 인식이 되므로 그 자체에 편향의 위험이 있다. 즉 쉽게 생각하면 '자기중심적 사고의 편향'이라고 해석할 수 있다.

그림 6-11 오류 합의 편향

UX 디자이너는 본인이 생각하는 UX 플로대로 모든 고객/사용자가 이용할 것이라고 생각하고 디자인 작업을 한다. PM은 시장과 경쟁 제품이 특정 경향을 갖고 흘러가니 특정 기능이 반드시 필요하며 이렇게 구성하는 것이 맞다고 생각한다. 모두 자신의 아이디어를 자신만이 보는 렌즈로 제품을 구성하면서 나타나는 현상이다.

2019년 미국 내 스타트업 90%는 실패했다. 모든 스타트업은 나름의 특성을 갖고 있지만 제품과 서비스는 시장에서 외면받았으며 사용자에게 영향력을 행사하지 못했다. 오류 합의 편향과 관련이 깊다.

- 시장 요구를 검증하지 않는다.
- 고객에게 말을 걸지 않는다.
- 딜리버리 채널을 발굴하거나 테스트하지 않고 제품에만 초점을 맞춘다.

이 같은 상황이 좀 더 발전하면 팀 모두 같은 생각을 갖게 되고 다른 아이디어나 의견을 가진 사람들을 배제하거나 무시하게 된다. 확증 편향으로 발전해 모든 결정은 이 방향만 옳다고 한다. 세상은 생각하는 것보다 훨씬 다양한 방법으로 살아가는 사람과 생각으로 가득 차 있다. PM으로서 치열하게 고민해야 하는 이유가 바로 그 안에 공통의 함수를 담으려고 노력해야 하기 때문이다. 사용자가 직관적으로 사용할 수 있는 범위를 최대한 넓히고자 노력해야 한다.

좋은 UX는 거의 거론되지 않는다. 너무나 직관적이고 상식적이기 때문이다. 늘 나쁜 UX만 불만으로 나타난다. PM은 항상 사용자의 프로덕트 여정을 모니터해야 한다. 사용자가 로그인하고 로그아웃할 때까지 어떻게 제품을 사용하고 어디에서 멈추며 불편함을 느끼는지, 어떤 화면에서 더 오래 머물고 선택을 주저하는지 등을 주시해야 한다.

오류 합의 편향을 피하는 데 큰 도움을 줬던 선배 PM의 말이 있다.

오류 합의 편향의 예

오류 합의 편향 역시 어디에서나 찾을 수 있다. 사람들은 자신의 의견, 선호도 및 가치가 표준이고 다른 사람도 동의하고 공유할 것이라 믿는다. 모든 사람이 내가 행동하고 생각하는 대로 할 것이라는 잘못된 믿음이 있다.

오류 합의 편향은 다른 엔지니어의 코드를 보는 리뷰 과정에서 나타난다. 모든 사람이 자신이 사용하는 규칙과 컨벤션을 사용할 것을 기대하지만 아니라는 것을 발견하면 실제 코드 내용보다 형식에 집착하는 경우가 생긴다. 개발자나 디자이너는 우리가 생각하는 방향대로 사용자 역시 제품을 사용할 것이라고 생각한다. 필자 또한 겪어봤다. 프로덕트를 만드는 도중에 데이터베이스로 받은 수많은 문자열 필드를 오름차순이나 내림차순으로 정렬해야 했다. 당연히 코드 순서대로 하면 되겠다고 생각했고 동작을 확인한 후 배포했다. 출시하자마자 큰 문제가 발생했다. 모든 나라의 정렬 기준이 달랐다. 알파벳은 A~Z와 a~z만 있는 게 아니라 유럽의 많은 나라는 여러 가지 액센트가 포함된 알파벳을 사용한다. á à 는 문자 코드 위치상 Z 뒤에 위치하지만 정렬하면 A와 같은 값으로 정렬 돼야 했다. 또 다른 예로 방향을 나타내고자 우측으로 가는 자동차 아이콘을 디자인했는데 영국 및 일본, 호주처럼 반대 방향으로 운전하는 나라의 사용자에게 업데이트를 요구받기도 했다.

오류 합의 편향을 피하는 연습

오류 합의 편향은 아주 쉽게 그리고 너무나 자연스럽게 발생한다. 초기에 모든 문제점을 찾아내는 것은 쉽지 않다. 그렇다면 오류 합의 편향을 피하려면 어떻게 해야 할까?

첫째, PM 스스로 많은 노력을 해야 한다. 의식적으로 오류 합의 편향에 대한 인식을 높이는 연습을 해야 한다. 예를 들어 오류 합의 편향은 무엇이며 원인은 무엇인지 파악하고 편향이 나타날 수 있는 특정 상황을 식별한 후 새로운 기능이 추가 및 변경될 때마다 스스로에게 편향과 관련된 질문을 할 수 있어야 한다.

둘째, PM 본인의 목표를 명확히 하고 다른 관점을 가질 수 있는 팀 멤버와 함께 리뷰한다. 나와 다른 관점을 가진 사람과 이야기하거나 다른 관점의 내용이 무엇인지 생각하면 다양한 방법으로 편향을 극복할 수 있다. 예를 들어 '이 제품이나 서비스, 기능은 고객에게 합당한 것인가?' 같은 큰 범위의 질문은 여러 관점을 포함할 수 있다.

셋째, 대안적 관점을 가질 수 있는 고객과 진솔한 대화를 시도한다. 고객/사용자에게 목표를 설명하고 확인하는 절차를 가진다.

넷째, 나와 다른 사람의 관점을 비교한다. 팀 멤버가 다른 대안을 내놓았을 때 긍정적 측면을 먼저 찾은 후 부정적인 측면을 찾아내려고 시도한다. 대안을 이해하는 데 도움이 되는 것은 물론 합리적인 방식으로 관점을 평가하는 데 큰 도움이 된다.

다섯째, 일반적인 편향 제거 기술을 사용한다. 추론 과정을 늦추고 의사결정 환경을 개선하는 것이 포함된다. 다양한 사용자군과 프로덕트 팀 간 피드백 프로세스를 디자인하거나 실제 사용자의 제품 사용 데이터를 분석해 생각의 오차를 줄여간다.

마지막으로 구체적인 데이터를 꾸준히 추적한다. 동료 PM과 지표의 효율성과 신뢰성을 꾸준히 논의하고 개선한다.

PM은 쉽지 않은 일이다. 여러 팀과 이해관계자 사이에서 프로세스와 정보 흐름의 중심적 허브 역할을 한다. 엔지니어링의 기술 언어를 구사해야 할 뿐만 아니라 다른 쪽의 비즈니스와 고객을 이해해야 한다. 회사 내부, 고객, 시장의 요청과 경쟁 제품의 분석에 따라 수많은 요구 사항을 파악해 엔지니어링이 이해하는 언어로 커뮤니케이션하고 진행한다. 이 같은 업무 환경에서, 매 순간 다가오는 결정에서 PM은 편향을 피할 수 있는 자신만의 노하우를 연습하고 체득해야 한다. 편향을 공부하고 이해했다고 합리적으로 행동할 수 있는 것은 아니다. 최소한 뇌와 습관이 이성을 속이려 한다는 것을 안다면 경계하고 조심하면서 명확한 사고와 좀 더 나은 의사결정을 하기 위한 연습을 할 필요가 있다.

6.5 좋은 PM에게 협업이란

일 잘하는 PM이란 어떤 것일까? 좋은 프로덕트를 만든다는 것은 PM의 어떤 능력이 우선돼야 하는 것일까? 늘 이해관계자 능력을 모아 좋은 프로덕트라는 결실을 만들어내야 하는 PM 수첩에는 어떤 협업 기술이 있을까? 지금부터 효과적이고 효율적인 협업 기술을 살펴본다.

6.5.1 사람들이 싫어하는 네 가지 PM 유형

좋은 PM이란 무엇이며 좋은 PM이 되는 많은 방법을 알아봤다. 좋은 PM이 되려면 주위에 있는 상사, 선후배, 동료, 고객들이 기피하는 PM 유형을 파악해 나쁜 PM이 되지 않도록 노력해야 한다. 그런 유형은 크게 네 가지로 나눌 수 있다. 하나씩 살펴보자.

첫째, 업무 범위가 모호한 PM이다. 개발하려는 기능의 범위 지정과 요청 사항을 매우 불확실하고 애매하게 설정하는 PM이 해당한다. 개발자와 디자이너는 투명하고 확실한 사양을 원한다. 모호함은 오해를 만들어 다른 해석으로 이어지기 쉽다. 개발 단계뿐만 아니라 테스트를 할 때도 큰 혼란을 야기하며 내부 이해관계자와 소통할 때도 문제가 된다. 이를 해결하려면 다음과 같은 질문에 명확한 답을 할 수 있어야 한다.

- 해결하려는 진짜 문제는 무엇인가?

- 고객과 비즈니스에 왜 중요한가?

- 진행 중인 다른 모든 중요한 작업과 비교하면 어떤 차이가 있는가?

- 이것의 우선순위가 높다면 어떤 것의 우선순위를 낮게 조정해야 하는가?

- 작업이 성공했는지 어떻게 알 수 있는가?

둘째, 업무 영역을 넘나드는 PM이다. 업무 영역의 선을 지키지 않고 넘나드는 PM이 해당한다. 대부분 PM은 컴퓨터 공학을 전공했거나 개발자, 엔지니어 출신인 경우가 많다. 본인의 업무 경험에 따라 엔지니어나 디자이너 역할과 업무 내용을 이해하기 쉬워 해당 업무에 간섭할 가능성이 높아진다. 일당백 역할이 필요한 작은 스타트업에서는 강점이 될 수 있지만 회사가 성장함에 따라 전문성을 확보해야 하는 경우 충돌로 이어지기 쉽다. PM은 전문 업무와 관련해 지시나 조언하기보다는 제안하는 방법을 배워야 한다.

[그림 6-12]처럼 선을 넘지 않고 경우를 지키는 규칙을 꾸준히 연습하는 것도 좋은 PM이 되는 방법이다.

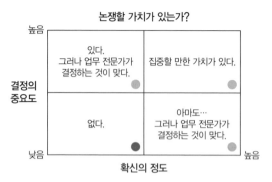

그림 6-12 PM의 업무 영역 평가 기준

유일하게 집중할 가치가 있는 것은 프로덕트 성공에 매우 중요하고 PM으로서 강하게 확신하는 것에 대해서일 뿐이다. 다른 모든 것은 작업을 수행하는 도메인 전문가가 결정하는 것이 좋다.

셋째, 일을 복잡하게 만드는 PM이다. 애매한 업무 지정을 하는 것만큼 나쁜 것은 일을 점점 더 복잡하게 만드는 PM이다. 가장 대표적인 예가 이미 백로그가 확정된 상황에서 기능 사양을 추가하는 경우다. 이를 해결하려면 다음과 같이 새로운 체크리스트를 접할 때마다 매번 스스로 질문해보는 것이다.

- 이 기능을 출시하지 못할 때 생기는 최악의 상황은 무엇인가? (영향이 제한적이라면 다음으로 미루자.)
- 이것을 릴리스하려면 구체적으로 무엇을 어떻게 해야 하는가?

넷째, 마감일만 외치는deadline evil PM이다. "이건 쉬운 일인데 내일까지 할 수 있죠?"라고 말할 수 있는 PM은 극단적으로 두 가지 유형밖에 없다.

해당 업무의 경력이 있어 잘 안다고 자신하는 타입과 해당 업무를 전혀 모르는 타입이다. 시간이 얼마나 걸릴지 매우 자신하기도 한다. 엔지니어가 가장 싫어하는 유형의 PM이다. 다음과 같은 연습이 필요하다.

- 본인이 그 일을 직접 하는 사람이 아닌 한 어떤 것도 '쉬운'이라고 하지 않는다.
- 견적을 요청하기 전에 사람들이 범위를 검토하고 조정할 시간과 권한을 준다.
- 작업 예상치가 높으면 업무 범위를 합리적으로 줄이는 방법을 찾는다.

6.5.2 개발자, 디자이너와 즐겁게 협업하는 방법

개발자나 디자이너 들이 신뢰하는 사람은 본인과 같은 업무를 하는 엔지니어다. 그중에서도 특히 뛰어난 디자인 실력을 갖춘 수석 디자이너나 전체 설계를 담당하는 아키텍트의 한마디 한마디는 영향력이 꽤 크다.

초기에 프로덕트를 기획하는 일은 개발자나 디자이너 손에서 이뤄지지 않는다. 프로덕트 리더십이 설정한 비전과 전략에 따라서 PM의 손을 거쳐 전략과 로드맵을 짜고 세부 기능 분류와 우선순위에 따른 릴리스 플래닝이 마련된다. 시작이 이렇기 때문에 엔지니어와 PM 관계는 한쪽은 드라이브를 하고 한쪽은 그에 맞춰야 하는 입장을 해석하면 갈등의 원인이 된다.

내가 그 역할이 아닐 때 이해할 수 없었던 것은 해당 역할을 맡게 되면 이해가 되는 경우가 많다. 필자 역시 관계에서 오는 스트레스로 투덜거리거나 다른 업무를 하는 동료에 대한 불만을 토로하기도 했다. 세월이 지나고 경험이 쌓이면 모두 해당 역할에 대한 지식과 이해가 부족해 생긴 일이다. 서로 이해도를 높일 수 있도록 입장을 설명하고 시각 차이를 줄여 모두 즐거운 분위기에서 업무할 수 있는 일 잘하는 협업 노하우 다섯 가지를 소개한다.

첫째, 문제점, 개선점, 고객의 애로 사항만 설명하고 해결책은 이야기하지 않는다. 앞서 선을 넘으면 안 된다고 한 것과 일맥상통한다. PM은 프로덕트 내 '무엇을', '왜'에 집중하고 설명하는 일을 한다. 엔지니어는 그것을 실제로 '어떻게' 풀어내는 PM의 유일한 파트너라는 사실을 항상 명심해야 한다. PM 업무는 고객/시장의 문제점을 먼저 해결하고 프로덕트를 릴리스하는 것이지 각 문제의 해결책을 제공하는 일이 아니다. 해결책을 찾아 구현하는 일은 엔지니어링 팀의 고유 권한이다. 서로 영역 경계를 명확히 해야 한다.

해박한 기술적 배경이 있는 PM이라도 엔지니어링 팀이 제안한 솔루션을 무시하거나 묵살하면 안 된다. 엔지니어링 팀의 작은 제안도 적극적으로 수용할 수 있도록 노력해야 한다. 엔지니어는 회사의 '자원resources'이 아닌 프로덕트를 실제로 구현하는 '빌더builder'다. 프로덕트를 지속 가능하게 하는 'keeper'라는 개념 또한 갖는다. 제공될 기능의 우선순위를 정하는 과정에서도 '왜'를 엔지니어링 팀에 명확히 전달해 불필요한 오해나 커뮤니케이션 백로그를 만들지 않는다.

둘째, 프로젝트의 초기 단계부터 프로세스에 엔지니어를 포함시킨다. 무작위로 참여시키는 것이 아니라 대표 자격을 가진 각 부문 엔지니어링 프로덕트 코어 팀(PM, 스크럼 마스터, 개발 매니저, UX 디자이너, QA 매니저 등)을 구성하는 것이 좋다. 커뮤니케이션 누수가 발생하지 않도록 비전과 전략을 지속적으로 공유한다. 특히 엔지니어에게 '개발도 디자인도 잘 모르는 PM이 마음대로 결정해 통보한다'는 부정적 느낌을 주지 않기 위해 투명한 커뮤니케이션은 필수다.

셋째, 엔지니어가 경험하는 어려움에 진심으로 공감한다. 개발이나 디자인 경력이 있는 PM이라도 엔지니어가 최근 사용하는 테크니컬 디테일을 모두 이해하는 것은 무리다. 하지만 무엇이 어떻게 어렵고 힘든 부분인지 적극적으로 듣고 이해하고 공감을 표현하는 것만으로도 엔지니어링 팀에게 신뢰를 얻을 수 있다. 신뢰감을 느낀 엔지니어의 업무 성과는 좋을 수밖에 없다. PM은 엔지니어와 소통하면서 프로덕트의 기술 흐름과 설계 구조 같은 깊은 지식을 이해할 수 있다. 또한, 개발 업무 중 무엇이 어렵고 쉬운지 알게 돼 고객과 시장에 강한 경쟁 포인트를 찾을 수 있다. 엔지니어에게는 고객의 상황을 좀 더 공감할 수 있는 언어로 설명할 수 있는 기회를 가질 수도 있다.

넷째, 데이터를 기반으로 결정하고 투명한 커뮤니케이션 과정을 갖는다. 사용자 조사나 핵심 고객이 보낸 공식 요청서 등 데이터와 우선순위에 근거해 명확한 고객/시장 요구 사항 리스트 및 사용자 스토리를 작성하고 소통한다. 테크니컬 업무 정의는 엔지니어링 팀의 고유 권한으로 남겨 놓는다. 업무 회의 후에는 명확하게 책임 한계를 기술한 회의록을 참석자와 관계자에게 배포해 항상 같은 수준으로 이해할 수 있도록 한다. 엔지니어가 PM에게 '기습당했다'라는 느낌(예: 로드맵 변경, 우선순위 변경 등)은 갖지 않도록 투명한 커뮤니케이션에 집중한다.

다섯째, 실수를 인정한다. 프로젝트를 진행하면서 우선순위가 바뀌거나 지원 기능이 변경되는 일은 빈번하다. 리더십과 PM의 시장 분석이 잘못됐거나 고객 요청이 급히 바뀌었을 수 있다. 혹은 다른 복잡한 이유가 있을 수 있다. 그 상황을 엔지니어링 팀에 설명하고 유감을 표현하는 것, 때에 따라서 실수를 인정하는 것 역시 PM의 역할이다. 이를 주저하거나 두려워할 필요는 없다. PM의 목표는 오직 사용자가 원하는 성공적인 프로덕트를 릴리스하는 것이다. 오류를 바로잡거나 실수라는 것을 이야기한다고 해서 엔지니어가 PM의 개인적인 실수로 생각하거나 결정된 결과에 크게 분노 및 좌절, 실망하지 않는다. 오히려 투명하게 전달해주는 PM에게 신뢰감을 느끼고 다음 솔루션 찾기에 최선을 다한다.

6.5.3 다양한 성향의 팀원과 일하는 다섯 가지 방법

요즘 많은 사람이 MBTI라는 것을 활용해 서로의 성격을 이야기한다. MBTI는 마이어스–브릭스^Myers-Briggs 유형 지표로 사람의 성격을 16가지 유형으로 나눠 설명하는 방식이다. 사람의 성격은 16가지로 분류되지도 않을 뿐더러 디지털 숫자로는 절대 환산될 수 없는 수많은 요소의 복합체이지만 말이다.

MBTI의 첫 번째 테스트는 'I^introvert(내성/내향적)'인가 'E^extrovert(외성/외향적)'인가를 다룬다. 즉 성격이 타고나기를 사람들과 어울리는 게 어렵고 쉬운 정도에 따라서 나누거나 본인의 관심사가 내면을 향하는지 외부에 좀 더 관심을 두는지에 따라 나눈 개념이다. 물론 중간 지점에 두 개의 장단점을 모두 갖춘 양향적^ambiverts 성격 유형도 존재하긴 한다.

같은 날 몇 초 차이로 태어난 쌍둥이조차 성격이 완전히 다른 경우가 비일비재하다. 함께 일하는 멤버 모두 비슷한 성격을 갖기를 기대하는 것은 무리다. 성격도 다르고, 말투도 다르고, 결정에 이르는 방법과 선호하는 과정도 다를 수 있다. '저런 팀 멤버와는 함께 일할 수 없어!', '저 사람은 도대체 어떤 생각을 하고 있길래 그 시점에 그런 이야기를 하지?'처럼 매일매일 조직 생활을 하면서 경험한다. 동료의 능력 유무와 상관없이 함께 일하고 싶은 선호 유형은 팀원마다 다르다.

좋은 PM이라면 모든 것을 어떻게 아우르고 협업하면서 목표에 이르러야 할지 고민해야 한다. 팀 내 매우 다양한 성격 중 내성적이고 외향적인 표현 방법을 가진 팀원과 어떻게 일을 하는 것이 목표를 달성하는 데 효율적일까 고민해야 한다. 필자의 경험을 토대로 다섯 가지 노하우를 공개한다.

첫째, 회의 시간 전에 의제를 보낸다. 내향적인 엔지니어들은 누구의 간섭도 없이 업무를 독립적으로 처리할 수 있을 때 가장 기여도와 품질이 좋다고 생각한다. 내향적인 팀 구성원에게는 회의 전에 다루게 될 정보를 미리 검토할 기회를 제공한다. 회의 시간 내 즉석에서 아이디어를 만들어내야 한다는 중압감이나 부담감에게 벗어나 편안한 환경에서 충분히 생각하며 아이디어를 갖고 참여할 수 있어 더욱더 업무에 기여할 가능성이 높아진다. 단순히 회의 주제만 미리 보내는 수준에서 벗어나 회의에서 도출될 목표가 명확하게 포함된 템플릿을 함께 보내면 내향적인 팀구성원의 생각을 훨씬 더 잘 정리된 상태로 받을 수 있다. 정리된 템플릿을 만드는 일은 물론 PM의 역할이다.

둘째, 본인의 성향을 편안히 이야기할 수 있는 분위기를 만든다. PM이 팀워크를 만들어내는 퍼실리테이터 역할을 할 때 할 수 있는 일이다. 재택근무나 원격 근무 등 하이브리드 업무 모델이 넓게 채택되면서 같은 팀이라도 팀 멤버의 모든 면을 알지는 못한다. 팀 구성원들이 가장 잘 일하는 방식을 인식하고 지원하는 것은 이기는 제품을 만들기 위한 PM의 가장 강한 목표이자 자원이다. 프로젝트 킥오프 미팅kickoff meeting이나 새로운 멤버가 충원됐을 때 팀이 서로를 이해하는 데 도움이 되는 자신의 작업 방식 및 특이점, 선호도를 자연스럽게 소개하는 것으로 출발할 수 있다. 관심사를 기억하고 있다가 아이스 브레이킹ice breaking용으로 사용할 수도 있다. 쉽게 동료를 이해하게 되고 모호함으로 생길 수 있는 오해를 미리 방지할 수 있다.

팀 캘린더를 사용해 회의 가능 여부, 방해 금지 시간, 점심시간, 점심 후 산책, 자녀 픽업 시간 등 자율적으로 편안하게 표시하도록 권장한다. 사생활을 방해하고 감시하기 위한 것이 아니라 서로를 이해하고 프라이버

시를 최대한 보호하기 위한 점이라는 사실을 초기에 설명하는 것도 PM 의 능력이며 리더십이다.

셋째, 다양한 형식의 커뮤니케이션 협업 방법을 제공한다. 회의 전에 필요한 결과 템플릿을 내향적인 구성원에게 보냈다면 외향적인 구성원을 위한 방법은 무엇이 있을까? 외향적인 사람들은 직접 대면하거나 영상으로 대화를 통한 의사소통을 가장 편안하게 생각하는 경향이 있다. 소셜 환경이 많은 기회와 문제를 해결한다고 생각한다. 내향적인 사람들은 어떨까? 일대일 상호작용이나 이메일, 텍스트 기반 채팅 시스템 및 공유 문서의 공동 편집, 댓글 같은 대면하지 않고 비동기적인 의사소통을 선호한다.

PM은 다양한 커뮤니케이션 방법을 모두 잘 동작하게 해야 한다. 특정 커뮤니케이션 방법이 협업 프로세스를 지배하지 않도록 하는 것이 중요하다. 팀 구성원이 다양한 커뮤니케이션 방법으로 기여할 수 있다고 느끼는 환경을 만들어야 한다. 예를 들어 처음에는 구두로 브레인스토밍 회의를 한 후 공유 문서나 프로젝트 관리 툴에서 텍스트 기반으로 토론 및 협업을 하도록 한다. 그 결과물을 기반으로 다시 그룹 회의를 하게 되면 내향적인 사람들이 초기 브레인스토밍 중 참여하지 못했던 부분에 더 많은 의사를 표현할 수 있어 좋은 결과물을 기대할 수 있다.

넷째, 성격 유형을 미리 가정해 선을 긋지 않는다. 내향적인 사람들은 수줍음이 많고 부끄러워하며 폐쇄적이라는 오해를 잘 받는다. 물론 대규모

네트워킹 행사에서 자리를 오가며 활발한 대화를 하기보다는 조용한 장소에서 일대일 대화를 선호할 수는 있다. 그러나 팀 구성원 및 고객과 더욱 깊은 인간관계를 형성할 가능성이 높으며 느리게 관계가 발전하는 것일 뿐 지극히 정상이다. 내향적인 사람들은 결론을 내리기 전 주제를 깊이 생각할 뿐만 아니라 위험 요소까지 포함해 주제 외 모든 측면을 고려한다. 또한, 내향적인 엔지니어는 대화에 서툴 수는 있지만 글로 표현을 잘하는 편이다 혼자 일하면서 일에 몰입하는 것을 즐기는 편이기에 독립적인 환경에서 훨씬 좋은 성과를 낸다.

모든 팀원이 분석적이면서 친화적이고 공감 및 소통 능력, 긍정성을 가졌다면 더없이 이상적이다. 아쉽게도 이런 팀은 존재하지 않는다. 각 장점을 가진 사람들이 모이면 슈퍼맨 같은 일을 하는 강한 조직이 될 수 있다. PM은 완벽한 구성원은 아무도 없다는 점을 강조한다. 함께 모인 다양성의 가치를 반복적으로 고취시켜 여러 성격 유형이 견제나 갈등으로 커져 팀 발전을 저해하는 요소가 되지 않도록 한다.

외향적인 사람은 내향적인 사람이 하고 싶은 말이 있으면 본인들처럼 자신 있게 말할 것이라고 생각한다. 내향적인 엔지니어 세계에서는 그렇지 않다. 빠른 합의를 종용하면 준비되지 않은 합의를 하게 된다. 이는 동료 간, 팀 간 마찰을 일으키고 결과적으로 제품/서비스 품질에 악영향을 미친다. 내향적인 사람은 시간을 갖고 판단하기를 원하며 말로 하는 커뮤니케이션보다 문서나 글로 된 것을 선호한다. PM은 회의 목표가 합의가 아니라는 점을 강조한다. 회의가 합의를 위한 것이 아니라고 해 혼란스러울 수 있다. 회의 목표가 현재 수준에서 보장할 수 있는 최저치에 대한 합의가 돼서는 절대 안 된다는 의미다. 대신 '더 나은', '더 빠른', '더 훌륭한' 방법을 찾아낼 수 있는 환경을 만드는 것이 목표가 될 수 있다.

첫 번째 회의에서 나올 수 있는 최고의 합의는 두 번째 회의를 정하는 것이다. PM은 서로 다른 성향을 가진 팀 멤버가 회의에 가져오는 가치 차이를 소중히 여기는 법을 알려줘야 한다. 좋은 PM은 모든 사람이 동의한다고 생각되는 합의를 위해 노력하는 것이 아니라 서로 다른 관점이 새로운 솔루션을 만드는 원재료가 돼 여기에서 오는 상승 효과를 위해 노력해야 한다.

MBTI는 정답이 없다. 어떤 성격 유형도 다른 성격 유형보다 우월하지 않다. PM은 더 나은 품질의 프로덕트를 만들어내고자 팀 멤버의 능력과 경험에 집중해야 한다. 구성원을 잘 알면 자신의 행동과 반응, 업무 방법을 동적으로 빠르게 전환할 수 있다.

6.6 PM/PO가 되고 싶다면?

"현재 (개발자/프로젝트 매니저/SI 엔지니어/UX 디자이너)인데 PM/PO 역할에 관심이 많습니다. 가능하다면 직무 전환도 고려하고 싶은데 어디서 어떻게 시작하면 좋을지 잘 모르겠어요."

많이 받는 질문이다. 무엇을 준비하면 되는지 필자의 경험을 토대로 소개한다.

2019년 프로덕트 매니지먼트 페스티벌 그룹에서 발표한 재미있는 조사 결과가 있다. 여러 글로벌 소프트웨어/서비스 기업의 PM에게 PM 업무를 하기 전 어떤 역할을 담당했었냐고 질문했다.

[그림 6-13]에서 나타난 바와 같이 현업 PM이 업무 전환을 하기 전에 했던 상위 세 직무는 '프로젝트 매니저', '비즈니스 분석가', '개발자'다. 통계 조사 결과는 최소한 '여러분이 지금 하는 업무는 향후 PM으로 업무 전환을 할 수 있는 잠재적인 토양을 충분히 제공한다'라는 아주 긍정적인 면을 보여준다. 현재 업무가 조사 결과에 없어도 미리 기죽거나 실망할 필요는 전혀 없다. 또한, PM이라는 직종이 대학을 졸업하고 바로 입사하기보다는 다른 업무를 하는 도중에 직무 전환을 하는 경우가 많다는 사실도 알 수 있다.

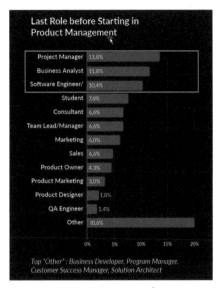

그림 6-13 PM 이전 직무 조사 결과[4]

모든 과정에는 전략이 필요하다. PM에 대한 관심이 다음 경력을 위해 준비해야 하는 것인지 아니면 다른 일에 대한 호기심인지 알고자 먼저 스스로 평가해보는 것이 첫 번째 순서가 돼야 한다.

만약 PM에 대한 관심에 있어 다음과 같은 현재의 상태를 네거티브 동력으로 사용하려고 한다면 안타깝지만 '능력 있고 성공적이며 무엇보다 가장 중요한 자신의 일에 즐거움과 열정을 쏟으면서 세상을 향한 임팩트를 만드는 훌륭한 PM'이 되기는 어렵다.

---

4   'Product Management Festival Trends & Benchmarks Report 2019', Medium

- 현재 하고 있는 개발/컨설팅이 싫다.

- 프로그래밍이 재미없고 재능도 없는 것 같다.

- 개발자로서 고객을 상대하는 일이 너무 귀찮다.

- 개발자보다는 PM 급여와 보상이 더 좋을 것 같다.

- 더 멋있어 보인다.

이 같은 상태가 아니고 진정으로 PM에 관심을 가졌다면 무엇을 준비하면 좋을지 알아보자.

6.6.1 이미 가진 다섯 가지 장점을 강점으로 만들기

현재 업무가 조금씩 다를 수 있지만 엔지니어링 백그라운드를 가진 사람들은 다른 직군과는 비교 불가능한 엔지니어만의 다섯 가지 장점을 가졌다. 무엇을 새로 찾아 채우기 전에 이미 가진 장점을 강점으로 만드는 연습이 필요하다.

첫째, 태스크 주도형이다. 엔지니어가 일하는 전형적인 방법은 프로젝트나 구현해야 할 기능을 목표나 목적으로 할 때 주로 기능별로 수직으로 나누고 나눈 것을 태스크로 지정한다. 해당 태스크를 담당자에게 할당하고 태스크 진행을 모니터하면서 완료된 태스크의 수직적 조합을 수평적으로 이어 프로세스로 만들고 딜리버리하는 것에 매우 익숙하다. 태스크 주도적인 역량은 PM에게도 매우 절대적으로 필요한 역량이다.

프로덕트에 쏟아지는 요구 사항(시장, 고객, 경쟁 제품/서비스)들을 주제별 가중치를 가진 우선순위로 나누고 최적의 리소스를 할당한다. 그 후 목표 품질과 타깃 딜리버리 시기를 정하는 것은 PM의 가장 큰 코어 역량이다.

둘째, 시스템 간 인터랙션 업무에 익숙하다. 엔지니어만의 탁월한 장점이다. 자신의 태스크나 완성된 기능은 단독으로 동작하기보다는 기대하는 입력에 따른 처리를 행하고 내 모듈이 제공해야 하는 출력을 만들어 내보내는 일이다 보니 당연히 다른 시스템과의 연계가 일상이다.

엔지니어의 다중 시스템에 대한 업무 경험의 성숙도는 PM 입장에서 보면 다양한 이해관계자 간 인터랙션과 커뮤니케이션 역량으로 해석할 수 있다. 이 역량은 프로덕트 품질로 직접 연결된다. PM이 품질 면에서 각 부분을 책임지는 설계자, 개발 매니저, 디자이너, 스크럼 마스터 간 유기적이고 원활하며 명확한 수평적 인터랙션을 책임져야 한다. 수직적 인터랙션인 프로덕트 리더십이나 경영진과의 커뮤니케이션, 고객이나 파트너와의 관계성 모두 확보해야 한다.

셋째, 해결 주도형이다. 문제를 접할 때 머릿속에 해답을 고민하지 않는 엔지니어는 없다. 경험과 지식을 바탕으로 솔루션을 찾을 때까지 밥을 먹을 때도 커피를 마실 때도 출근하는 버스 안에서도 엔지니어 머릿속은 끝없이 테스트한다. '어떻게든 되겠지'가 아닌 '어떻게 해서든 해결해야지'라는 덕목은 PM에게 어떤 상황에서도 프로덕트를 꼭 딜리버리해야 한다는 에너지로 동작하고 에너지는 모든 이해관계자에게 신뢰감을 준다.

넷째, 디테일에 강하다. 엔지니어의 눈은 사용자가 보지 않는 부분을 항상 보고 있다. 사용자는 거슬리지 않는 부분도 엔지니어는 신경 쓰고 마음에 걸려 해결할 때까지 편하지 않다. '그런 것까지 왜 신경 쓰냐'라고 말할 수도 있지만 이해하지 못한다. '디테일에 강하다'는 무기는 최고의 품질을 생산해낼 수 있는 기본 역량이다. PM은 오케스트라의 지휘자처럼 각 전문가가 놓치는 부분의 디테일을 찾을 수 있어야 한다. 각 악기를 연주하는 최고의 예술가가 모였을 때 소리 강약과 잡음을 잡아 하모니를 만들어내는 지휘자 역량이 필요하다.

다섯째, 평생 공부형이다. 엔지니어라는 직무는 평생 배우고 익히는 것을 게을리할 수 없다. 매일 새로운 기술이 등장하고 어떤 경우에는 외계에서 온 것 같은 새로운 패러다임이 도착해 있기도 하다. 빠르게 익히고 사용해봐야 세상의 변화에 뒤처지지 않는다. 새로운 파도에 올라탈 수 있다. PM도 마찬가지다. 엔지니어처럼 도메인 기술을 지속적으로 깊이 알아가기보다는 기술과 시장 흐름, 디자인 변화, 경쟁 프로덕트의 움직임, 그리고 고객 비즈니스의 상황까지 모두 알고 동적으로 대처해야 한다. 데이터는 정보가 되고 정보는 지식이 된다. 지식이 지혜가 되려면 배우고 익히는 일이 생활이 되고 몸에 배어야 한다. 좋은 엔지니어라면 이미 갖춘 덕목이다.

6.6.2 PM의 필수 덕목 다섯 가지를 추가하기

앞서 언급한 엔지니어의 장점 다섯 가지는 좋은 PM을 위한 밑거름이 되지만 마무리되려면 다음의 다섯 가지 덕목이 필요하다.

첫째, 사용자/고객 및 비즈니스를 이해해야 한다. 아무리 반복해도 모자람이 없는 말이다. 엔지니어는 자신의 손가락을 움직여 만드는 프로덕트가 고객이 어떻게 사용하는지, 어떤 모습으로 고객의 비즈니스를 돕는지 알지 못한다. 어느 순간이 되면 별로 알고 싶어 하지 않는다. PM이나 기획자가 원하는 대로 만들어주는 것에 익숙해진다. PM이 된다는 것은 매 순간 고객이 원하는 프로덕트를 만들지 못하면 시장에서 선택되지 않는다는 사실을 깨닫는 과정이다. 더 나아가 시장에서 선택받지 못하는 프로덕트는 지속 가능한 동력이 없어져 사라진다. 고객의 비즈니스를 이해하는 것은 프로덕트 매뉴얼이 돼야 한다.

고객의 비즈니스를 이해했어도 자신이 만든 프로덕트는 본인이 직접 사용해보고 테스트해야 한다. 그래야 고객과 공감하고 폭넓게 이야기할 수 있다. 디자이너이기 때문에 테스트는 다른 엔지니어의 일이라는 마음가짐으로는 고객을 이해할 수도, 시장을 알아갈 수도 없다.

둘째, 프로덕트를 함께 만드는 관계자와 비전을 공유해야 한다. 많은 엔지니어의 특성 중 하나가 내향적인 성향을 가졌다는 점이다. 엔지니어끼리 있으면 활발하지만 다른 역할을 수행하는 사람들이 모인 곳에서는 말수가 줄어든다. 엔지니어의 내향적인 성향이 집중도 및 완성도를 높이는 데 기여할 수 있으나 PM은 혼자서 할 수 있는 것이 거의 없다. 철저하게 각 부문 전문가의 연결고리가 돼야 한다. 통합하고 프로덕트 비전을 끊임없이 불어넣는 역할을 해야 한다. 매번 전문 지식이 필요한 엔지니어링, UX, 데브옵스뿐만 아니라 서비스 운영, 마케팅, 법무팀 등 수많은 담당자와 함께 하모니를 만들어내는 오케스트라 지휘자가 돼야 한다. 적절한 외교력과 협상력, 커뮤니케이션 같은 소프트 스킬^{soft skill}도 필수다.

셋째, 유용성에 대해 끊임없이 탐구해야 한다. 고객 의견과 요구 사항, 시장 조사를 통한 피드백을 참고하면 프로덕트에 대한 고객의 사용 플로를 이해하게 된다. 신입 PM이 흔히 저지르는 실수 중에는 참고된 플로에 매몰된다는 점이다. 또 다른 고객의 업무 플로에는 적용이 안 되는 프로덕트 결함을 만들게 된다. 엔지니어였다면 신경 쓰지 않아도 된다. 책임도 없다. 정해진 대로, 디자인대로 개발에 집중하면 된다. PM은 워크플로^{work flow}가 사용할 수 있는 것인지 매번 검토하고 결정해야 한다. 된다는 사실이 중요한 것이 아니라 유용하게 사용할 수 있다는 사실이 중요하다. 원하는 속도를 위해 올바른 우선순위가 절대적으로 선행돼야 한다. 엔지니어의 업무 난이도에 따른 우선순위가 아니라 고객과 시장이 요구하는 우선순위와 함께 방향성도 부여해야 한다. 소수의 고객이 아닌 모든 고객의 유용성을 확보하는 것이 중요하다.

넷째, 전략적 사고를 해야 한다. 먼저 생활 밀착형 사고를 설명하겠다. 엔지니어는 업무를 배정받으면 어떻게 구현할 것인지만 집중한다. 상황에 맞는 프로덕트 슬로건은 무엇이 돼야 하며 어떤 UX 플로에 통합되는지, 경쟁 프로덕트에서는 같은 기능을 어떻게 제공하는지 신경 쓰지 않는다. 엔지니어의 일이 아니라고 생각한다. 이러한 사고방식이 '원인/요구 → 결과/해결'이라는 생활 밀착형 사고다. PM은 모든 면에서 생각과 귀를 활짝 열어둬야 한다. 여기에서 그치지 않고 차선책도 준비해야 한다. 순차적 사고 방법을 전략적 사고라고 한다. 이런 전략적 접근법이 유연하게 활성화되려면 열린 마음으로 전문가나 업무 담당자의 의견과 지혜를 들어야 한다.

다섯째, 업무 우선순위를 정해야 한다. 엔지니어는 안정적이고 검증된 솔루션을 사용하는 것보다 최신 기술의 화려함을 사용하고 도입하기를 원한다. 엔지니어로서 기술 사회에서 뒤처지지 않고 있다는 심리적 보상 효과도 준다. 엔지니어에게 중요한 부분이며 발전의 동력이 된다. 그러나 PM은 훨씬 더 보수적으로 결정해야 한다. 업무의 우선순위를 정할 때 위험도를 얼마나 잘 관리할 수 있느냐를 최우선에 둬야 한다. 최신 기술을 사용할 환경을 고객이 보유했는지, 최신 기술의 화려함이 프로덕트 성능에 얼마나 영향을 미치는지, 최신 기술을 도입하려면 어떤 사후 개발 프로세스(서비스 스택/디플로이먼트)를 준비해야 하는지 등이 해당한다. 개발자가 지닌 지적 호기심과 창의력은 프로덕트를 혁신적으로 발전시키는 데 중요하지만 얼마나 안정적이고 시장과 고객이 인정하며 실제로 사용하는지 신중하게 판단할 필요가 있다.

엔지니어는 축복받은 역할을 수행하는 자랑스러운 직무다. 변화를 만드는 숭고한 일이다. 엔지니어가 PM 직무에 관심을 갖고 커리어 전환을 고려하는 것은 조직 입장에서 엄청난 잠재력을 기대할 만한 좋은 일이다. 지금까지 살펴본 방법들을 심도 있게 검토하고 신중하게 시도해보기를 바란다.

맺음말

나는 정말 운이 좋아 남보다 먼저 그리고 좋은 환경에서 프로덕트 매니지먼트에 필요한 것을 배우고 익히면서 업무를 할 수 있었다. 하지만 이런 운이 내가 가진 능력만으로 얻은 당연한 것이라는 생각을 한 적은 없다. 나도 모르는 수많은 선배님들이 먼저 걸어가며 흘린 땀과 노력 덕에 이런 행운을 가질 수 있었고, 이젠 나도 그런 선배의 나이와 경험의 단계가 되었다고 생각해서 후배 세대에게 가장 기본이 되는 입문서라도 하나 남기는 것이 나의 역할이지 않을까 싶어 이 책을 준비하게 되었다. 이 책을 덮기 전에 다음과 같은 두 가지 부탁을 드린다.

첫째, 훌륭한 PM이 되고 싶다면 사용자의 요구 사항을 가장 잘 충족하고 그것을 위한 기술 격차를 메울 수 있는 방법을 찾길 바란다. 팀이 보유하고 있지 않은 지식, 기술, 아이디어에서 가치가 발생할 가능성이 높다. 자신이 옳다고 생각하는 것을 반복하는 것이 항상 '좋은 PM'이 될 수 있는 방식은 아니라는 것을 기억하자.

둘째, 프로덕트 매니저로서 여러분은 절대 일을 위해 고용된 사람처럼 행동하지 말아야 한다. 여러분은 적극적으로 업무를 진행하면서 모든 이해관계자들을 주도적으로 이끌어 프로덕트를 만드는 과정이 효과적으로 작동하도록 만들어야 한다. 좋은 PM으로서 성장할 수 있는 가장 중요한 점은 '나쁜 PM'이 되는 특성을 피해야 한다는 것이다. 나쁜 PM은 부족한 부분을 배우지 않고, 듣지 않고, 새로운 것을 익히는 데 게으르다.

나는 오늘도 '프로덕트 매니지먼트'가 세상에서 가장 멋진 직업 중 하나라는 생각에 변함이 없다. 그것은 나의 재능이 아닌 다른 많은 사람들의 다재다능함의 기술을 날실과 씨실 삼아 세상을 변화시키는 역할을 하기 때문이다. 부디 책을 읽은 많은 분들이 훌륭한 프로덕트 매니저에 대한 꿈을 갖고 멋있게 성장하기를 바란다. 그래야 멋있는 프로덕트를 통해 더 나은 세상을 경험할 수 있기 때문이다. 여러분의 노력을 응원한다.

참고 자료

- 『헬로 월드』(안그라픽스, 2014)

- LEGO
  https://www.britannica.com/topic/LEGO

- A grammar of Matses
  https://scholarship.rice.edu/handle/1911/18526

- Good Product Manager/Bad Product Manager
  https://a16z.com/2012/06/15/good-product-managerbad-product-manager/

- How real is the science in Christopher Nolan's 'Tenet'? We asked an expert
  https://www.latimes.com/entertainment-arts/movies/story/2020-09-04/
  science-christopher-nolan-tenet-physicist-interview

- LE DESIGN THINKING?
  https://pictime-groupe.com/all_actualite/le-design-thinking-quels-
  avantages-pour-lentreprise-et-ses-projets

- DropBox Demo
  https://www.youtube.com/watch?v=7QmCUDHpNzE

- How DropBox Started As A Minimal Viable Product
  https://techcrunch.com/2011/10/19/dropbox-minimal-viable-product/

- Understanding Scrum & its Components
  https://www.mobitsolutions.com/understanding-scrum-its-components/

- The Kanban method in IT development projects
  https://www.bocasay.com/kanban-method-it-development-projects/

— Toyota Production System
https://kanbanzone.com/resources/lean/toyota-production-system/

— Waterfall Methodology: A Complete Guide
https://business.adobe.com/blog/basics/waterfall

— Enterprise Architects Combine Design Thinking, Lean Startup and Agile to Drive Digital Innovation'
https://www.gartner.com/en/documents/3941917

— Instagram is celebrating its 10th birthday. A decade after launch, here's where its original 13 employees have ended up.
https://www.businessinsider.com/instagram-first-13-employees-full-list-2020-4?r=US&IR=T

— Smartwatch vs Swiss watch
https://slidebean.com/story/swiss-watches-vs-smartwatches-who-will-survive

— Announcing the Call To Action Conference App!
https://inside.unbounce.com/events/announcing-the-cta-conf-app/

— 『일리아드』(남벽수, 2014)

— twitter.com/henrikkniberg

— HOW DO I BUILD A MVP PRODUCT OF A UBER—LIKE APP?
https://titbit-insight.blogspot.com/2020/01/how-do-i-build-mvp-product-of-uber-like.html

— The Lean Canvas Diagnostic: 1 – Backstory
https://coachinglean.com/p/the-lean-canvas-diagnostic-backstory

— Loss aversion
https://www.economicshelp.org/blog/glossary/loss-aversion/

— How to transition from Software Developer to Product Manager
https://medium.com/getting-started-in-product/how-to-transition-from-software-developer-to-product-manager-916fb3635a06